稱讚養出
好狗狗！

狗狗的教養&快樂訓練法

馴犬師
戶田美由紀◎監修
彭春美◎譯

漢欣文化事業有限公司
Han Shin Cultural Enterprise Co., Ltd.

稱讚養出好狗狗！

狗狗的教養&快樂訓練法

目次

PART 2 飼育好狗狗的環境＆教養法

最好從幼犬時期就徹底施行！

PART 3 對生活有幫助的訓練

快樂練習，邁向成功！

PART 4 和愛犬更快樂地生活！外出時的禮儀和教養

PART 5 現在就想讓它立刻停止！愛犬常見的「困擾行為」解決法

前往**14**頁

請不要斥罵

因為狗狗真的
聽不懂你在說什麼

假設愛犬開始玩起了拖鞋，飼主大聲地說「不行！要說幾次你才懂！」這時，愛犬會怎麼想呢？大概是「為什麼我一玩玩具主人就生氣呢？」或是「只要玩這個主人就會有反應喲！」或是「好可怕」吧！想想看，狗狗對人類的語言、規則和禮儀完全不懂。這樣做不但無法解決問題，反而可能失去狗狗的信賴，所以，還是停止想用斥罵來讓牠理解的做法吧！

10 愛犬給飼主的 個請求

這是關於開始教養前的心理準備。
接下來介紹的10件事，請各位牢記在心。

前往18頁

表現好時要稱讚牠

這樣狗狗才會知道什麼是正確的

稱讚就是在教導愛犬「正確答案」。「散步之前，如果飛撲過去，主人就會不理我；但是如果坐下來，主人就會說我好乖，還會給我零食。所以還是不要飛撲，坐下來等吧！」——狗狗就是這樣逐漸學習的。即便剛開始時沒有將行為和被稱讚這件事連結在一起，但是只要反覆地受到稱讚，狗狗就會慢慢理解正確的行動和狀態。

前往16頁

3

不可以做的事
請預先防範

這樣狗狗就不會搗亂了

亂翻垃圾桶，是因為那裡有垃圾桶的關係；在玄關踏墊上隨意便溺，是因為那裡有玄關踏墊的關係；把拖鞋叼走，是因為拖鞋就放在那裡的關係。不能做的事情，請讓牠無法去做。狗狗只能從經驗中學習，所以如果想要養成好狗狗，只要將環境整理好，讓牠只體驗好的事情就可以了。

前往70頁

4

最好在狗狗小時候
就能讓牠有各種體驗

這樣可以減少牠棘手的事物和害怕的事物

大多數的問題行為都是來自於恐懼或是警戒心。最好從幼犬時期開始，就讓牠對所有的事物都能抱持良好的印象，以免經常感到害怕或是生氣，甚或恐慌。尚未習慣散步時，如果有陌生人走過來，或是有車子通過等對狗狗而言較大的刺激時，可以用「眼神接觸」讓牠看向自己這邊，然後給予零食。徹底實行「發現在意的事物時，只要看向飼主就能獲得稱讚」這個規則，養育出將來不會因為一點風吹草動就擔心受怕的狗狗吧！

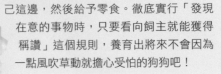

前往32頁

請明白狗狗也有自己的個性

有活潑外向的狗狗，也有個性內向的狗狗

「我家的狗狗很害羞，所以我想帶牠到狗狗運動場去培養社交性。」──如果你是這麼想的，請等一下。突然將原本性格膽小的狗狗放到狗狗運動場上，一旦讓牠產生不好的經驗，不僅無法培養社交性，反而可能討厭起其他狗狗來。雖然能夠藉由訓練讓牠慢慢習慣其他的狗狗，但是說起來，既然有外向活潑的狗狗，當然也會有個性內向的狗狗。認清這一點，認同愛犬的個性是非常重要的。

前往174頁

早上或是散步前等的行動請不要模式化

因為狗狗一知道會發生好事，就會急著催促

早上一起床立刻將愛犬從狗屋裡放出來──當這個行為變成習慣，狗狗就會學習到「飼主起床＝可以從狗屋裡出來」。於是，當你半夜起來上廁所時，愛犬很有可能會做出「既然起床了，趕快放我出去！」的要求。請儘量不要製造讓狗狗容易預測到接下來的發展而做出要求的情況，才是上策。例如，今天起床後，先洗個臉再放愛犬出來，第二天則是先做好早餐後再放牠出來，像這樣用點心思做出變化吧！尤其是起床後、散步前、回家時的行為特別容易模式化，必須多加注意。

前往80頁

7

小型犬 也要帶出去散步

身體雖小，還是需要運動和刺激

因為寵物店的人說這是可以不用帶出去散步的犬種，所以就每天讓牠待在家裡……這是經常聽到的誤解。就算是小型犬，還是要每天外出2次，進行每次30分鐘左右的散步才是理想的。散步除了運動的目的之外，還有嗅聞味道或是認識其他狗狗、彼此打招呼等對愛犬而言的許多樂趣在內。

前往78頁

8

每天做運動或 遊戲來發洩精力

要是精力過剩，就會為了解悶而搗蛋

最好每天都讓狗狗做運動來發洩精力，讓牠精疲力盡。因為問題行為的發生都是因為精力過剩的關係。如果沒有那些精力，就比較不容易發生問題。除了散步之外，也可藉由拉扯遊戲等讓牠發洩精力。

飼主本身的情緒穩定也很重要

萬一最喜歡的人情緒不穩定，狗狗也會變得不穩定

就像父母親的情緒不穩定，小孩子也會受到影響一樣，狗狗的心理也會強烈受到飼主的影響。當自己的煩惱解決後，狗狗的問題行為也不見了——像這樣的例子比比皆是。當愛犬有問題時，或許也可以認為這是重新審視自己的機會。因為飼主若能開朗穩定，愛犬在這樣的開朗氛圍下，也能過著安心而穩定的生活。

請慎重考慮多隻飼養

10

不見得可以相親相愛

狗狗們相親相愛的姿態總是讓人面露微笑。不過，萬一2隻狗狗無法好好相處，就會產生必須個別帶出去散步或遊戲等各式各樣的問題。如果考慮多隻飼養，請先弄清楚先住犬和其他狗狗在一起時會不會有壓力？還有是否已經熟練基本教養，能夠通過問題行為的關卡了？先住犬和飼主之間是否已經建立強烈的情感連繫也是很重要的。

PART 1

請先記住！

稱讚教導的教養方式的基本

稱讚教導的教養方式，是使用狗狗喜歡的獎勵品，讓牠可以快樂學習的訓練方法。在此先來簡單地介紹其成效驚人的原因，以及基本的做法和教導方法的要領。

教養的鐵則

教養的重點是「不斥罵」加上「稱讚」

請先理解狗狗必須教養的理由

要讓人狗一起舒適地生活，就必須教導愛犬學會規矩和禮儀。如果什麼都不教，牠就會隨地便溺、一有風吹草動就吠叫、一興奮起來就會到處亂跑……等等，會依循狗的本能來行動。只是，對於不懂人類語言的狗狗來說，要怎麼教才好呢？

不是迫使牠做，而是讓牠選擇正確的行動

本書所介紹的「稱讚教導的教養方式」，是當愛犬採取正確的行動時，就稱讚牠並給予獎賞，告訴牠「這個行動是正確的！」的方法。讓愛犬明白「如果不是在那邊而是在這裡小便的話，就可以獲得獎賞！」，引導出正確的行動。因為是利用狗狗學習模式的科學訓練方法，所以只要以正確的方法來進行，就能確實出現成果。這個方法，可以讓愛犬和飼主雙方都沒有壓力、快樂地進行訓練。

另一方面，加以斥責或是體罰的方法，不但無法教導牠正確的行動，而且狗狗很有可能會對飼主產生恐懼心。因為難以建立信賴關係，所以不建議使用在家庭犬的教養上。

稱讚教導的教養優點

基於科學理論，容易出現成果

這是利用狗狗學習模式的科學訓練方法，只要以正確的方法進行，就能確實出現成果。

狗狗和飼主都能快樂地訓練

狗狗最喜歡受到稱讚了，如果能夠獲得獎勵品，幹勁也會更加提升。因為能夠看到愛犬的成功而非失敗，所以飼主也能以積極的心情來教導。

建立和愛犬之間的信賴關係

飼主是給予自己最喜愛的獎勵品的人。由於沒有斥罵也不會受到傷害，所以狗狗會變得越來越喜歡飼主。

point!

- 稱讚可以教導狗狗正確的行動。
- 斥罵的方式無法正確地教導狗狗。

▶圖解 狗狗受到斥罵時的思考迴路

在廁所以外的場所
排泄而被罵

狗狗的心情 只要在這裡小便，飼主就會飛奔過來對我說話！

一小便，飼主就會飛奔過來大聲嚷嚷。反覆這樣做，狗狗就會誤以為只要隨地小便就能獲得飼主的注意。

▼

狗狗的行為 想要飼主逗弄時，為了引起注意就會故意隨地大小便

會學習到只要一小便飼主就會飛奔過來。當無法獲得逗弄時，就會故意在廁所以外的場所小便，以引起飼主的注意。

狗狗的心情 怎麼了!?擺出可怕的表情，到底是在氣什麼呢……

因為飼主擺出可怕的表情，所以知道飼主正在生氣。不過，因為不懂話語，所以無法知道主人生氣的原因。

▼

狗狗的行為 認為排泄這件事是不好的事，因而躲起來進行

結果是，因為狗狗無法理解是由於小便場所的關係而受到斥罵，所以又會在其他場所小便；或是因為一小便就被罵，於是變成躲起來小便。

教養的鐵則

不希望牠做的行為要「預先防範」

讓人困擾的行為要預先防範，之後才會輕鬆

無法理解語言的狗狗是透過體驗來學習的。因此，想辦法創造讓愛犬無法體驗壞事情的環境就非常重要。垃圾桶可能會被亂翻，所以不要放置在牠的行動範圍內；玄關踏墊可能會被誤以為是廁所，所以最好收起來……等等。此外，預先一步讀取狗狗的行動也能加以預防。例如，散步途中如果能早點發現路旁的垃圾，不要讓牠靠近，愛犬就無法撿食。只要未曾體驗，就不會有習慣化的情形發生。

基本

以「房間的多方設想」來預防困擾行為

重新檢視愛犬生活範圍內的物品吧！

不要放置會被狗狗搗亂的東西

不想讓牠啃咬的東西、不想讓牠弄壞的東西請勿放置在愛犬嘴巴能及的範圍內。只要收拾好，就不會有被愛犬搗亂的事情發生。

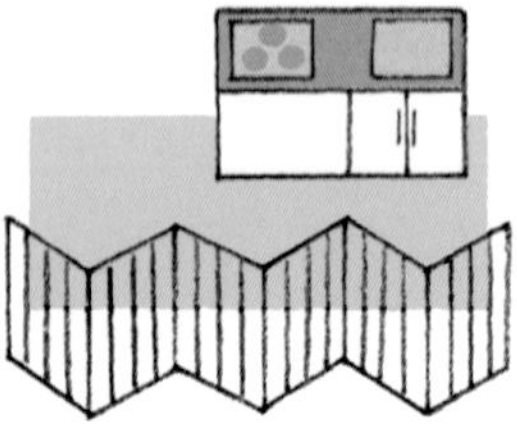

不希望牠進入的場所要想辦法讓牠無法進入

當視線離開時，要把愛犬放到圍欄裡；要從圍欄裡放出來時，也要多用心思，例如利用柵欄等隔起來好讓牠無法進入廚房等不希望牠進入的場所。

不要放置材質容易和廁所混淆的物品

在木質地板上放置不同材質的東西，可能會被誤以為是尿便墊。在愛犬學會如廁之前，請先收掉玄關踏墊和廚房踏墊、浴室踏墊等。

point!

- ★想辦法整理出避免讓狗狗有不好體驗的環境非常重要。
- ★想辦法避免狗狗做出會發生不好體驗的行為也很重要。

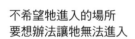

基本

以「行動的多方設想」來預防困擾行為

在刺激較多的戶外，飼主預先對周圍掛起天線網是很重要的。

如果狗狗會撿食，
飼主就要比牠更早發現垃圾

如果能夠早一步發現垃圾，就可以走到愛犬無法撿到垃圾的位置。愛犬若能從垃圾旁邊通過，就要稱讚牠。

如果容易對其他狗狗吠叫，
飼主就要更早發現別隻狗狗的存在

如果察覺遠方有其他狗狗，就可以轉到和該狗狗不同的方向。如果愛犬遠遠地看到有其他狗狗也能不加反應地繼續走，就要稱讚牠。

教養的鐵則

想讓狗狗做的事情要和「獲利」的結果相連結

狗狗是只做對自己有利的事而不會讓自己吃虧的動物

狗狗會經由體驗來學習，並藉由反覆動作而逐漸將該行為習慣化。所以教導愛犬希望牠做的事情時，只要讓牠反覆體驗就可以了。

狗狗的行為基準是「虧損還是獲利」。能夠獲利的事牠就會反覆去做，會讓自己虧損的事就不會去做。也就是說，當牠有了幾次「採取這個行動，就能獲得零食！」的獲利經驗後，接下來牠就會預測獲利結果，而主動採取行動。反之，不希望牠做的行為，就必須避免和獲利的結果連結在一起。

▶圖解 利害關係決定狗狗的行動

只要會發生好事，就會重覆該行動

聽從「過來」的指令而到飼主身邊，就能獲得稱讚並得到獎勵品。

狗狗的心情 有好處！（會反覆去做）

只要不會發生好事，就會不做該行動

想要人跟牠玩時，會對飼主吠叫著「跟我玩！」，但飼主卻不理牠。

狗狗的心情 沒好處…（漸漸不做了）

point!
- 將希望狗狗做的事和零食等獲利的事連結在一起。
- ☆不希望狗狗做的事就避免和獲利的事連結在一起。

有時不希望牠做的行為可能會演變成獲利的結果！ 注意！

狗狗的行為 食糞

「為什麼要吃大便呢？真不敢相信！」地大聲嚷嚷的話……

狗狗的心情 太好了！只要吃大便，大家就很高興！

▼

應對方法在145頁

狗狗的行為 在準備餐點時吠叫

因為愛犬在吠叫，不由得想快一點給牠吃飯……

狗狗的心情 只要一吠叫就有飯吃。

▼

應對方法在177頁

狗狗的行為 夜間吠叫

「怕牠感覺寂寞，而且也會打擾到左鄰右舍。」於是前去察看……

狗狗的心情 只要持續吠叫，主人就會到我身邊！

▼

應對方法在147頁

狗狗的行為 對正在走動的腳舔咬

愛犬過來咬著腳玩，於是一邊說「不可以！」一邊逃走……

狗狗的心情 腳的動作變快了，主人好像也很愉快！

▼

應對方法在161頁

教法的基本

利用狗狗的學習模式 進行有效的教導方法

引導狗狗自然體驗你希望牠做的事

預先防範地不讓愛犬體驗不好的事，好的事情則重覆讓牠體驗，這就是教養的基本。那麼，想要讓牠「坐下」時，具體上應該如何教導、讓牠體驗呢？當然不是將愛犬的屁股強壓在地板上。而是用獎勵品（＝零食）來誘導牠。在愛犬追尋零食的氣味時，如果能自然地將屁股坐到地板上，就立刻說出「坐下」，然後給予零食。只要重覆這個體驗，愛犬就能學會「坐下」的指令。

▶圖解 教養的流程

步驟1

用獎勵品誘導
▼
擺出坐下的姿勢
▼
發出「坐下」的指令
▼
稱讚＆給獎勵品

步驟2

在熟悉的家中發出「坐下」的指令
▼
能夠完成坐下
▼
稱讚＆給獎勵品

步驟3

在刺激較多的戶外發出「坐下」的指令
▼
能夠完成坐下
▼
稱讚＆給獎勵品

待愛犬理解「坐下」的指令後，就在家中練習，並且要練習到在戶外也能夠做到。目標是，在配戴牽繩或是等待紅綠燈之類最好能夠坐下的場面，愛犬都能自動坐下。當牠能夠自動做好時，也別忘了要稱讚牠哦！

point!

★引導狗狗讓牠「自然學會！」

★將自然做到的事和指令連結在一起。

基本

讓狗狗自然學會的教導方式（以坐下為例）

一開始就發出指令，愛犬是聽不懂的。要先用獎勵品誘導地進行。

用獎勵品的氣味誘導狗狗

給愛犬嗅聞拿著獎勵品的手的氣味，將手移到愛犬的頭上。

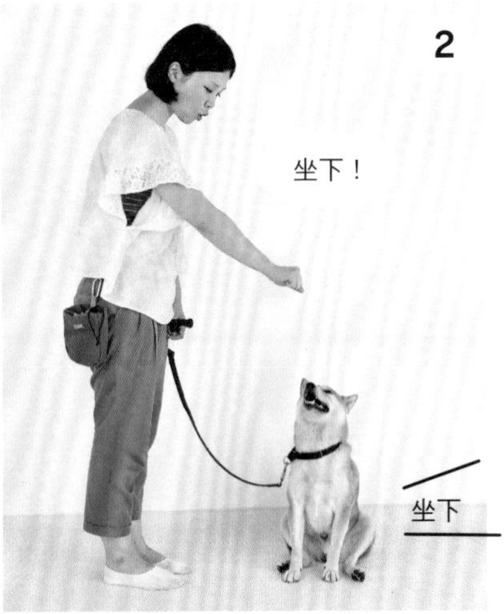

待狗狗自然坐下後，出聲說「坐下」

為了看清楚在頭上的手，愛犬會自然坐下。這時就出聲說「坐下」。

把「坐下」和好事連結在一起

立刻稱讚牠「好乖」，給牠吃零食。反覆進行，愛犬自然會將「坐下的姿勢」和「獎勵品」、「坐下的指令」連結在一起。

point!

之後再發出指令，讓牠學會

一開始就發出坐下的指令，愛犬是無法理解的，所以請在愛犬採取坐下的姿勢後才發出指令。如此一來，愛犬的腦中就會將坐下的姿勢和指令連結在一起。

稱讚方法

用「誇獎・獎勵品・撫摸」3點組合來稱讚狗狗

用誇獎＋獎勵品，將說出的話變成稱讚的話

剛開始的時候，就算受到稱讚，但因為狗狗不懂人類的話語，所以感覺不到正受到稱讚。重覆進行「誇獎＋獎勵品」，讓說出的話成為發生好事的前兆，就能讓愛犬對這些話語抱持好印象。

稱讚方法的基本是「誇獎→獎勵品→撫摸」3點組合。如果從幼犬時就用這3點組合來稱讚牠的話，被撫摸這件事就會和好事相連結，於是撫摸也能夠成為預防嬉鬧或是惡搞的練習。

基本

何謂稱讚的3點組合？

熟練能夠傳達給愛犬的流暢稱讚法！

好乖！

1 誇獎

看著愛犬的臉對牠說「好乖」等。手中要預先握著當作獎勵品的零食。

2 獎勵品（零食）

在誇獎完後，立刻給牠做為獎勵品的零食。請將零食放在手掌給予。

3 撫摸

一邊讓牠吃零食，一邊用另一隻手撫摸狗狗的臉（臉頰附近）。讓牠認知「被撫摸也是件好事」。

point!

★以3點組合稱讚的時候，「好乖」這句話和被撫摸這件事都會成為對狗狗而言的好事。

停止做壞事而變回乖狗狗時，請不要使用零食

在愛犬停止胡鬧或亂吠等「停止不好的行為而變回乖狗狗時」，請只出聲稱讚，避免給予零食。因為有些狗狗會為了想獲得零食而故意重覆做出這種行為。給予零食，基本上是要在「持續當乖狗狗時」。例如當玄關門鈴響起，愛犬仍然能夠不吠一聲地保持安靜，在「等待」的指令下乖乖等待的時候。

常見的「困擾」

傷腦筋！

過度高興而變得亢奮

和緩地出聲後輕輕撫摸牠

有些狗狗會因為過度的稱讚方式而變得亢奮。請觀察愛犬的狀況來調整自己的聲音和撫摸方式。要領是以穩定的音調和緩地說話，手則要放在愛犬的臉頰處輕柔地動作。

傷腦筋！

對零食不感興趣……

使用氣味濃郁的零食或許會有興趣

一般來說，肉類或起司等氣味濃郁的零食都會引起狗狗的食慾。不過，也有些狗狗喜歡小魚乾或是魚背肉。請找出愛犬喜愛的東西吧！

傷腦筋！

不給零食就不遵從指令

將零食握在手中不要讓牠看到

如果先對愛犬展現零食後再給牠，以後很可能會變成沒看到零食就不聽話的情形。請先將零食握在手中，不要讓愛犬看到。在腰部配戴可裝入零食的訓練用腰包，不讓愛犬知道地悄悄取出也是要點。

稱讚方法

為了有效稱讚所使用的獎勵品的分量和種類

選擇狗狗確實喜歡的獎勵品

讓狗狗覺得「有好事！」所使用的獎勵品。不只是零食，給牠玩具或是陪牠一起玩遊戲、出去散步等，對有些狗狗來說也都是獎勵品。而其中最建議在剛開始時使用的還是零食。因為零食的氣味可以用來引導、驅動狗狗，另一個優點則是給了就沒了，所以可以馬上進行下一個動作。此外，零食請依狗狗喜愛的程度排出順序。例如平常的練習就使用平日吃的狗糧，困難的練習則使用牠最喜歡的起司等等，像這樣分別來使用吧！

基本

1次給予的獎勵品分量

過度給予會造成肥胖。請撕成小塊後給予。

大型犬

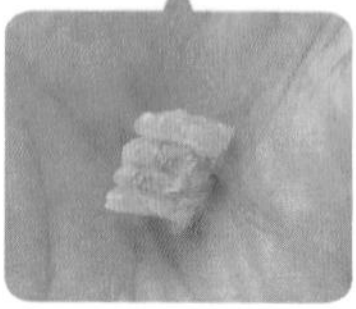

人的小指
指甲大小

中型犬

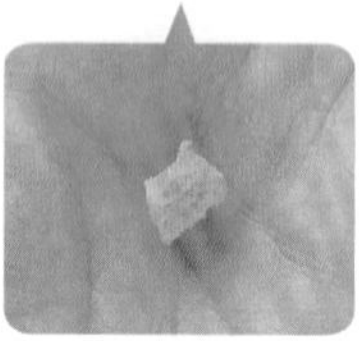

人的小指
指甲1/2大小

小型犬

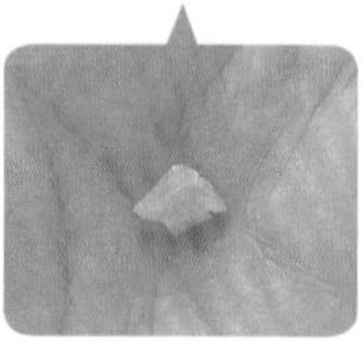

人的小指
指甲1/4大小

做為獎勵品的零食如果分量太大，愛犬很快就會吃飽而失去興趣。此外，太小塊的話容易掉落，可能會導致撿食的行為。最好配合體型大小給予適當的分量。另外，也請不要忘了零食也有熱量這件事。最多僅限於一日攝取熱量的1～2成，而且飲食量也要比照該熱量加以減少。

point!

- ★ 在訓練上最容易使用的獎勵品就是零食。
- ★ 將獎勵品排出順位，選擇適合練習內容的獎勵品。

進階

將獎勵品排出順位

依訓練的難易度分別使用吧！

依照愛犬的喜愛程度，先為零食排出順位。根據訓練內容的難易度×場所的難易度×努力度來改變零食的內容。等待或過來等需要使用零食氣味進行誘導的指令，或是刺激較多而不易集中注意力的戶外練習等，可以使用特別具有吸引力的零食。而在熟悉的室內練習，或是內容簡單的指令等，則可使用普通的狗糧，像這樣分別來使用。

SPECIAL

加熱過的鮪魚

對狗狗來說實在是太有吸引力了，所以榮登最後手段寶座的就是微波加熱過的鮪魚。由於氣味強烈，所以就算是在動物醫院等狗狗不喜歡的場所，或是旁邊有牠不喜歡的其他狗或人在場，不論是任何場面都能夠引起狗狗的興趣。

1

起司

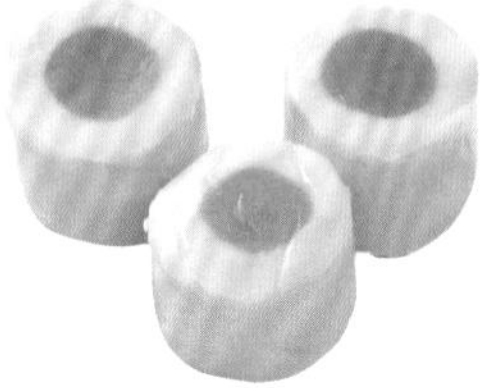

只要有這個就能提高幹勁！對狗狗來說是喜出望外的獎勵品。冷凍的乾燥肝臟或是煮熟的雞柳條也很受喜愛。

2

肉乾

「做得非常好！」的時候使用。市面販售的獎勵用零食、水煮過的蔬菜（甘藷、紅蘿蔔、青花菜的莖）等也都排在這個順位。

3

餅乾
（硬的）

堅硬耐吃的餅乾，在狗狗進行不擅長的事情時，可以作為給牠啃咬的獎勵品。不喜歡餅乾的狗狗可以使用牛皮骨。

4

小饅頭

用於刺激或誘惑較少時的練習。小饅頭直接給予的話稍嫌太大，可以捏碎成小份再給予。稍微弄濕一點會比較容易捏碎。

平常吃的狗糧

如果是貪吃的狗狗，平常吃的狗糧就足以做為獎勵品。可以做為「在家中完成正確的事！」等日常的獎勵品。

提高狗狗幹勁的「稱讚時機」

積極尋找稱讚時機來稱讚狗狗

稱讚，就是在告訴愛犬「做得好！」。不只是在愛犬完成某件事的時候，就算是在什麼都沒做的「良好狀態」下，也請告訴牠「這樣的狀態是正確的！」。尤其是在對刺激沒有出現吠叫或是興奮的行為，「能夠保持冷靜沉著時」，更是飼主容易忘記的稱讚時機。

還有，即便在一開始時努力稱讚，但是等到愛犬學會之後，往往會視為理所當然而忘了稱讚。從平常就要積極尋找稱讚愛犬的時機，強化牠正確的行動吧！

Let's try!

平常在這些時候都要稱讚

稱讚時機1

即便外面有聲響也不做反應時

汽車引擎聲、腳踏車的鈴聲、對話聲等等，只要能夠不對外面傳來的聲響吠叫，就稱讚牠吧！在愛犬的腦中輸入「聲音＝獎勵品」的印象，讓牠認為「有聲音就會發生好事情。聲音最棒了！」。這樣也有預防害怕聲響而對任何動靜都吠叫的效果。

稱讚時機2

不會對門鈴聲吠叫時

就算愛犬現在不會對門鈴聲吠叫，以後還是很有可能變得會吠叫。只要門鈴響了仍然能夠保持安靜，就要立刻出聲稱讚牠，告訴牠「現在保持安靜是正確的！」如果在飼主接待客人時也能保持安靜，就要再稱讚牠。

稱讚時機3

用餐時間能夠乖乖待著時

飼主用餐時，如果愛犬能夠乖乖待著而不會前來索求食物，就要稱讚牠。告訴牠「現在乖乖待著是正確的哦！」。如果給牠零食，愛犬會誤以為拿到了人吃的食物，所以只能用話語稱讚。

point!

- ★平常處在「良好狀態」時也是一種稱讚時機。
- ★不要認為牠會做的事情是理所當然的，請繼續稱讚牠。

Let's try!

散步時，這種情況也要稱讚

稱讚時機1

在準備散步的當下也能夠冷靜時

戴上牽繩時、打開玄關門時、鎖門時等等，都是愛犬的興奮度容易提高的時刻。如果能夠保持冷靜沉著就要稱讚牠。

稱讚時機2

看到垃圾仍然能夠繼續前進時

如果路上有垃圾掉落，但愛犬仍然能夠不用拉扯牽繩地通過的話，就要稱讚牠。這樣也能預防棘手的撿食行為。

稱讚時機3

遇見其他狗狗也不會興奮時

就算遇見了其他狗狗也能夠冷靜沉著地走過時，請一定要稱讚牠。這樣也可以預防將來一興奮就吠叫，或是拉扯牽繩的行為。

容易誤以為是「稱讚時機」的場面

注意！

剛剛停止吠叫後

假裝不知道（▶28頁）對於索求吠叫是很有效的，不過最重要的是要弄清楚愛犬是否真的放棄了。如果剛一停止吠叫就稱讚牠，很有可能在牠還沒有放棄時你就稱讚牠了。要等到牠完全放棄而安靜下來時（狗狗趴下來時）才是稱讚的時機。

剛回到家時

飼主剛回到家時，愛犬是高興又興奮的。由於這樣的狀態容易引起飛撲或是索求吠叫，所以在愛犬安靜下來之前請不要稱讚牠。此外，有些人會給予零食，但這樣做更會容易導致興奮。如果要給，還是在出門前給予益智玩具（要想辦法將裝在裡面的零食取出的玩具）之類的吧！

假裝不知道

對於狗狗的索求不要斥罵，請「假裝不知道（漠視）」

僅在狗狗索求時使用的處理方法

當愛犬對飼主索求時或是想要引起注意時，請採取「假裝不知道＝漠視」的處理方法。例如，對於「不要不理我」、「跟我玩」等的索求吠叫，大聲斥罵「不行」、「不可以」的做法，會導致愛犬認為「主人理我了」。反之，如果能完全不將愛犬當作對象，不做任何反應，愛犬就會因為吠叫也索求不到、沒有任何事情發生、覺得無趣而放棄。只要能做到完全不理睬，狗狗索求的行為一定可以獲得矯正。

▶圖解：為何漠視能夠有效矯正索求？

希望受到逗弄的吠叫

逗我！
不理
吠叫＝願望落空
沒反應
狗狗的心情
什麼都沒發生，好無聊……
吵死了！
逗我！
吠叫＝願望達成
反應
狗狗的心情
表情雖然很可怕，但還是逗我了！

漸漸明白「吠叫＝希望落空」，就算吠叫也沒有用，所以就不叫了。

誤以為飼主順從了自己所提出的「逗我」的要求。

point!

- ★對於狗狗的索求，用「假裝不知道（漠視）」一定能矯正。
- ★基本動作是不看、不摸、不出聲。

基本

假裝不知道的動作要讓狗狗容易明白

假裝不知道時，要注意動作必須清楚傳達給愛犬知道。

不看

如果眼神交會，就會變成將注意力放在愛犬身上，所以絕對不能看牠。

不摸

觸摸會讓愛犬誤以為「主人在逗我」。

不出聲

也不要斥罵或是抱怨。愛犬會誤以為「主人回應我了」。

轉身

轉身背對愛犬，就不會有一不留神看著牠的情況發生。

會讓妨礙漠視的動作

注意！

中途大聲斥罵「不行」

這是對狗狗的索求無法堅持到底的典型例子。愛犬會認為「只要努力一直叫，願望就會達成」，反而會促使行為惡化。

不看牠卻觸摸牠

雖然把頭轉向一旁不加理睬，卻在無意識中觸摸愛犬的身體。這樣會讓愛犬認為你在逗弄牠。

中途偷瞄狗狗

狗狗是擁有敏銳觀察力的動物。就算只是想偷瞄一下，牠也能敏感察知，而高興地以為「主人回頭看我了」。

假裝不知道

高明地「假裝不知道」的重點

「若要假裝不知道就要做得徹底」是基本原則

如果能夠徹底實行假裝不知道，一定可以改善索求的毛病，不過這僅限於能夠徹底做到的情況。萬一對愛犬的索求無法堅持而做出反應的話，反而會惡化成「只要多叫幾聲主人就會有反應，那就叫得更多吧！」的情況。

此外，就算能夠完全假裝不知道，問題也可能會在一瞬間惡化。那是因為愛犬被飼主漠視，內心因而產生「為什麼？我得要叫得更厲害不可」的焦慮。最重要的是要徹底漠視牠，直到愛犬明白即使持續該行為，願望仍然無法達成。

假裝不知道的成功重點

POINT 1

找出真正的原因

假裝不知道是僅對索求有效的處理方法。也就是說，要使用在讓愛犬停止正在對飼主做的行動的時候。在飛撲向飼主時、對著飼主吠叫時、一邊看著飼主一邊胡鬧時等等，對於這些情況都是有效的。

POINT 2

堅持到底

假裝不知道，該索求會在瞬間惡化，但一般來說，之後就會慢慢獲得改善。如果在索求升級時無法堅持而加以反應的話，愛犬就會學習到「只要努力叫，索求就會如願」，反而會讓情況惡化。

POINT 3

組合其他指令

等愛犬完全穩定下來，不妨命令牠「坐下」等正確的行動。如果愛犬能夠坐下，再和牠玩或是出去散步等，達成愛犬的願望。如此一來，愛犬就會學習到「不是在索求的時候，而是在能夠坐下來的時候，願望才會實現」。

POINT 4

好好地和狗狗面對面

正因為平常有在愛犬乖巧時稱讚牠，假裝不知道的效果才會更好。愛犬越是懂得被稱讚的樂趣，當主人假裝不理睬時的「無趣」程度就會越強，更能提高假裝不知道的效果。

point!

- ★ 假裝不知道雖然會讓索求在瞬間惡化，但依然要堅持到底。
- ★ 在索求完全停止時，指示正確的行動。

進階

假裝不知道＋指示正確的行動

假裝不知道讓愛犬停止索求後，請指示正確的行動。

狗狗如果採取索求的行動，就要完全漠視

不管愛犬如何吠叫、飛撲，都要貫徹假裝不知道。

待索求行動完全停止後就稱讚牠

如果是飛撲的情況，等愛犬的腳在地面站好、安靜下來後，就要稱讚牠「好乖」。

如果能更進一步保持沉著，就指示正確的行動

稱讚後如果也能保持沉著，就指示正確的行動。在此是發出「坐下」的指令。（讓狗狗坐下的方法▶92頁）

如果狗狗能完成指令，就馬上稱讚牠

稱讚會讓愛犬學習到「不是飛撲，而是要坐下才能達成願望」。

配合愛犬性格的教養重點

了解狗狗的優點和缺點後活用在教養上

狗狗的性格會依犬種天生的特性和性別而產生差異。不過，即使是被認為屬於友善犬種的玩具貴賓犬，其中也有頑固剛強的狗狗。一般認為，雄性的地盤意識較強，雌性則大多溫和穩重、愛撒嬌，當然也有不是這樣的狗狗。不僅如此，天生的性格也會因為成長的環境而逐漸變化。教養是成立於飼主和愛犬之間的溝通的。請先摸清楚愛犬的個性，理解牠的優點和缺點後，再加以活用於教養上吧！

檢測愛犬的性格類型！

A～D中合計個數最多者，就是愛犬的性格類型。

A
- □就算有聲響也不太會驚慌失措。
- □不會討厭你幫牠清潔梳理。
- □跟牠玩時，有時會快樂地玩耍，有時則不玩。
- □對其他狗狗或陌生人大多不表興趣。
- □就算叫牠也經常不搭理人。

B
- □有客人來訪時，大致都很高興。
- □一有聲響，就想前往聲音的來源處。
- □找牠玩時，總是玩得很高興的樣子。
- □看到其他狗狗時，大多會主動靠過去。
- □一得到零食，大多會馬上吃掉。

C
- □不喜歡被人抱著或是清潔梳理。
- □散步中往往會朝自己想去的方向前進。
- □常常做記號。
- □陌生人一靠近就會吠叫地表示厭惡。
- □會主動走近其他狗狗，但是對方一靠過來就會吠叫。

D
- □去初次前往的場所，會緊張到暫時動也不動。
- □一有聲響大多會嚇一跳。
- □不太會吃陌生人給的零食。
- □有其他狗狗或是陌生人走近時，大多會逃走。
- □給牠新的玩具也不會馬上玩起來。

※最多的項目合計相同時，請參照雙方的診斷結果。

C 最多的狗狗「野生」型

性格堅強且剛毅

野生的感覺較強，能迅速捕捉周圍的變化，屬於行動派。自立心強，能讓人感受到狗狗原本的剛毅和高尚。

教養的重點

飼主往往會拗不過狗狗好強的態度而答應牠的索求。不管是飲食、散步還是遊戲，都要在飼主的主導下進行。例如吃飯要在遵從坐下的指令後才能進行等，最好預先定好規則。

D 最多的狗狗「害羞」型

個性膽怯又慎重

個性溫和又慎重，所以很少有興奮騷動的情形發生，也不太容易惹出麻煩。基本上比較膽小，是需要飼主細心守護的類型。

教養的重點

不擅長面對的事物多，容易累積壓力。也可能會因為恐懼而轉為具有攻擊性。不妨使用零食來讓牠習慣不擅長的事物，讓牠產生好印象吧！

A 最多的狗狗「穩重」型

個性溫和且我行我素

不太會為事物所動，悠哉穩重的類型。很少為小事感到驚嚇或是極端興奮，是容易一起生活的類型。

教養的重點

可能因為過度我行我素而忽略了飼主。請先教會牠任何時候都要能做到眼神接觸和坐下。當牠漠視指令時，不可以就這樣放任不管，最後一定要讓牠完成。

B 最多的狗狗「開朗」型

個性友善又開朗

總是活潑又興奮，好奇心旺盛，對任何事物都會積極參與的類型。善於自我表現，總是能讓飼主感到開心。

教養的重點

一高興起來就會過度喧鬧，所以請先教會牠能夠控制興奮的趴下或等待。建議在快樂的散步或遊戲之前，先暫時降低一下牠的興奮度。

從行為或動作、表情來獲知狗狗的心情

如果能夠領會狗狗的感情，教養就能順利進行

教導愛犬正確的行為時，要讓牠認知「做這件事就會有好事發生！」。因此，如果不清楚對愛犬來說是否覺得是「好事」，教養就無法開始。只要能夠更正確地察知愛犬的感情，教養和訓練就能順利進行，所以請務必要成為能夠領會愛犬感情的飼主。這時，能夠有幫助的就是狗狗的身體語言。狗狗會用行為或動作來發出訊息，先理解這些訊息，不只用在教養上，對於加強溝通也很有幫助。

▶圖解：容易表現出狗狗心情的部位

尾巴

尾巴的位置表示優位性或服從性。有自信時，會比平常提得更高；害怕或感覺有壓力時則會下垂。還有，尾巴搖動的速度表示興奮的程度，越興奮就搖動得越快。

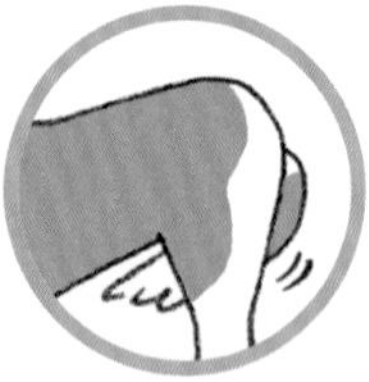

尾巴夾在兩腿之間表示恐懼和服從。

搖動尾巴表示處在興奮的時刻。

point!

- 進行教養時，懂得狗狗的心情是極為重要的。
- 身體語言是狗狗所發出的訊息。

耳朵

越是向前傾，表示越具有攻擊性的情緒。向後倒是感到害怕的時候，想要討對方歡心時也可能會向後倒。

耳朵往後折的狀態，表示內心覺得恐懼或是有壓力。

眼睛

睜大眼睛直視時是處於緊張、興奮的狀態；眨眼或是移開視線是在傳達自己並沒有敵意。

背部的毛

將毛倒豎起來是為了讓自己顯得更龐大。常見於變得具有攻擊性或是警戒的時候。

將毛倒豎起來，讓自己顯得更巨大。

鼻子上方

攻擊性越高，表情就會越僵硬，鼻上會出現皺褶。

鼻樑的皺褶表示攻擊性。

嘴部

閉著嘴巴不用力的時候表示放鬆；嘴巴張開、伸出舌頭表示快樂的心情；露出牙齒則是展現攻擊性的時候。

▶圖解 狗狗常對飼主做的行為

希望你逗弄牠時

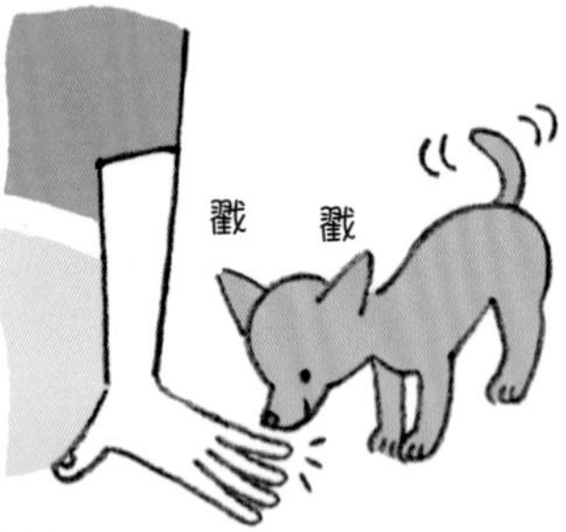

狗狗的心情 來做那個、來做這個

狗狗的行為 用鼻子戳人的手或腳

這是從幼犬要求母犬給食物的行為進化而成的信號。常見於要求飼主餵食或散步等。

狗狗的心情 逗逗我嘛！

狗狗的行為 將下巴放在飼主的身體上

想引起飼主注意時的心情表現。也有些狗狗單純是因為把下巴放著很輕鬆的關係。

高興時

狗狗的心情 來玩吧！

狗狗的行為 手肘著地，屁股抬高

邀玩的表示。玩得正高興時做這個動作，也提醒對方「這是遊戲」的作用。

狗狗的心情 真幸福～

狗狗的行為 在地上磨蹭背部

會出現在吃飯或是散步、遊戲等對狗狗來說愉快的事情發生之前的行為。會用全身來表現牠的期待。

注意！

這樣的行為是緊張和不安的表現

狗狗擁有避免和同伴間對立的身體語言，稱為「安定訊號」。不只是對其他狗狗，對飼主也會使用。主要是用於要減輕自己的壓力時，還有要讓對方穩定下來時。舔自己的鼻子或腳尖，或是在沒有任何東西的地面或地板上嗅聞味道等，都是狗狗自己想要緩和不安或緊張的行為。慢慢地移動或是將臉轉開、打呵欠，或是走入正在爭吵的人之間等，則是想讓對方冷靜下來，紓解場面緊張氣氛的行為。

不過，這些行為也不盡然全是安定訊號。在非自然場面打呵欠，也有可能只是真的想睡覺了。想要正確解讀愛犬的身體語言，從平日就要對愛犬仔細地觀察才行。

安定訊號的例子

○打呵欠

在緊迫狀況下，狗狗打呵欠是想讓對方冷靜下來的行為。

○晃動身體

對走過來的人或狗狗感到不安或恐懼時，就會做出這樣的行為。

○用腳搔抓頸部

在緊張狀況下頻頻搔頸，是感到壓力的信號。

戶田馴犬師
為大家解答！
關於狗狗教養的
常見問題 1

對狗狗進行教養，總覺得牠好可憐……

狗狗無法自然學會人類社會的規則和禮儀

人類的小孩也會在家庭或學校等地方學習各種不同的事物，以具備社會性。狗狗也是一樣的。而且狗狗不懂人類的語言，因此必須用牠們可以理解的方法來教導。「稱讚教導的教養方式」，狗狗不但容易理解，而且是可以獲得獎勵品或是受到稱讚的快樂學習法。因為不需要斥罵，所以對狗狗和飼主都不會造成負擔。

成犬後才進行教養是否太勉強了？

雖然得花費較多的時間，但只要有耐心地教導，還是能學會

比起沒有問題行為的幼犬，已經有問題行為的成犬的確比較難教。因為必須將問題減輕後再教導正確的行動，所以會比較費時間。不過，只要能夠不放棄地耐心教導，就不會有問題。我曾經有指導10歲狗狗做訓練的經驗，不但索求吠叫的問題行為獲得改善，基本教養也能做得很好。因為狗狗非常喜歡零食，所以訓練起來也很快樂，不過最重要的還是飼主絕對不能放棄，才能產生好的結果。

我家狗狗的學習能力好像比其他狗狗差……

不要和其他狗狗比較，請正向思考

或許是以前養過什麼都能很快學會的狗狗，或是曾經看過能夠迅速理解的狗狗，才會有這種想法。的確，少數的狗狗有極佳的學習能力，但是拿愛犬與其做比較是沒有意義的。如果能試著將「只會做這個」的想法更改為「已經學會這個了」，以積極正面的角度來看待，煩惱或許就會出乎意料地煙消雲散也不一定。

PART 2

最好從幼犬時期
就徹底施行！

飼育好狗狗的環境＆教養法

基本上，教養要從迎進幼犬的那一天起就開始進行。只要打造不容易胡鬧或是失敗的環境，徹底進行如廁或獨自看家、散步等生活教養，一定能養出好狗狗！

打造房間

打造狗狗無法胡鬧的環境就是飼育好狗狗的第一步

檢查是否有物品會造成胡鬧或隨地便溺

狗狗具有將喜歡的東西放入口中啃咬的習性。最好檢查家中是否有對愛犬而言的危險物品，並制定對策，例如把啃咬會有危險的電源插座安裝保護蓋、避免放置容易引起中毒的觀葉植物等等。就算是不希望愛犬去做的事，只要有過一次經驗牠就會記住，並重覆去做。例如，從亂翻垃圾桶中獲得快樂經驗的狗狗，就會記住這樣的經驗，再次亂翻垃圾桶。所以，最好的做法就是將垃圾桶放在愛犬的嘴巴碰觸不到的地方。玄關踏墊等地墊類也要注意。狗狗上廁所時，從地板到尿便墊的腳底觸感是不同的，而地墊類也會喚起與此相同的感覺。在愛犬長大之前，可能會造成胡鬧或失敗、隨地便溺等的物品，還是先收拾起來吧！

MEMO

注意地上鋪墊物的鋪法

比地板面積還小的地墊類，很容易和尿便墊搞錯，但如果是全面鋪上了地毯，就不會有問題。只是長毛地毯容易鉤到狗狗的爪子，所以請選擇短毛的地毯。

檢查室內的這些地方

打造預防愛犬做出困擾行為的房間，飼育出好狗狗吧！

地墊
會引發隨地便溺的地墊或粗毯，請在愛犬學會如廁前先拿掉。

浴室入口
就算關好門，狗狗還是可能會打開門跑進浴室，摔落浴缸裡。可以在浴室前面安裝柵欄等避免狗狗進入，做好萬全的安全對策。

廚房入口
裡面有不能讓狗狗吃到的食材或菜刀等危險物品。要預先設置柵欄，以免狗狗進入。

地板材
木質地板易滑，會對狗狗的骨骼和關節造成負擔。最好整個地板都鋪上短毛地毯或軟膠墊、軟木墊等地板材。

桌子上面
放置物品可能有被打翻或是遭到啃咬的危險。菸灰缸或飲料杯、遙控器、筆等小件物品都要收拾好。

拖鞋和垃圾桶
不想被啃咬或是被打翻的東西，請不要放地板上。垃圾桶就算附蓋，有些狗狗還是能夠巧妙地打開，必須注意。

插座和電線
啃咬有觸電的危險。插座必須安裝保護蓋，電線類也要安裝電線壓條或是收齊在狗狗無法觸及的地方。

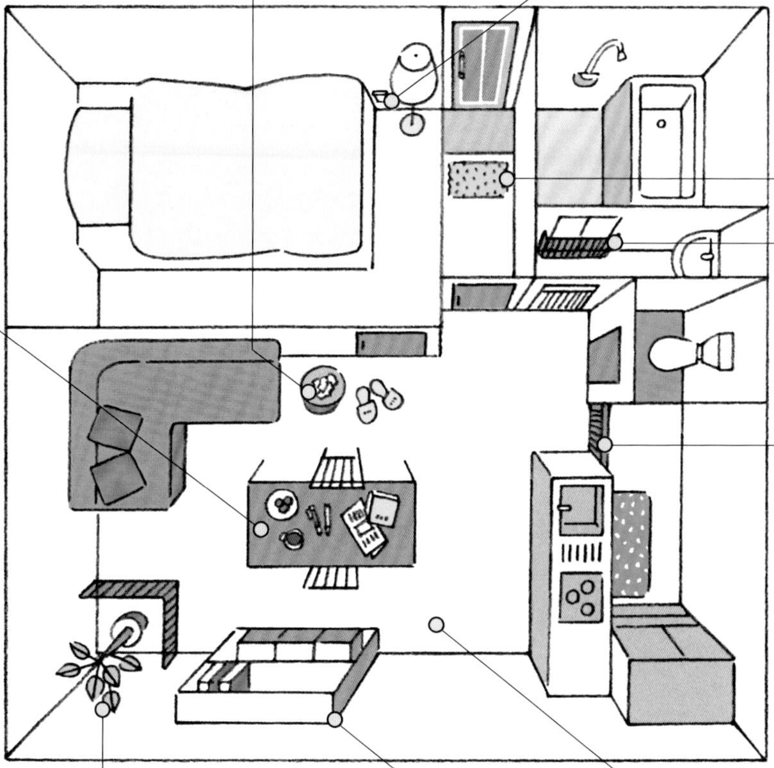

觀葉植物
常春藤或聖誕紅等觀葉植物中，有些吃了會引起中毒。如果是小盆栽，就移到狗狗碰觸不到的地方；大盆栽最好設置柵欄，避免讓狗狗靠近。

傢俱
裝飾櫃型的傢俱，請勿在狗狗嘴巴可及的高度內放置小件物品，以免遭到啃咬或是被玩壞。

生活用品

與幼犬共度舒適生活的用品選擇

確實做好迎接幼犬的準備

在迎進幼犬之前，先從容地準備好整頓狗狗生活環境的物品吧！

必需品有圍欄、做為床鋪的狗籠、便盆與尿便墊、餐碗和玩具。利用圍欄打造出愛犬專用的生活空間，可以教導牠如廁，也可以預防或是解決胡鬧問題。此外，因為有自己的住處，也能讓愛犬產生安心感和獨立心。

散步或外出時不可少的項圈、牽繩、外出提袋等也要先備齊。

基本

備齊必需的品項

要和幼犬生活，請先備齊必需的物品。

尿便墊▶ 鋪在便盆上，或是在圍欄內全部鋪上，也可以在屋外使用。請選擇寬型（約60cm×約45cm）以上的大小。

圍欄▶ 用圍欄圍起來做為狗狗的住處。即使是幼犬，最好也要有2個榻榻米左右的空間。請選擇可以組合零件來改變空間大小、附有屋頂的類型。

便盆▶ 便盆要準備狗狗站上去後身體可以轉一圈的大小。有些狗狗會抓咬尿便墊，所以建議使用附有網墊的便盆，以便固定尿便墊。

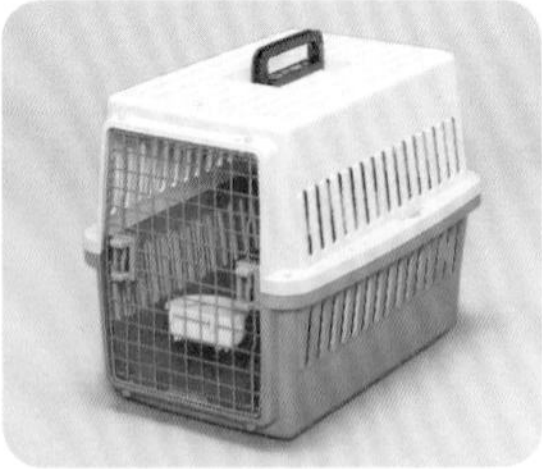

狗籠▶ 當作狗屋使用。最好有站立時頭部快要碰到上面、能夠將腳伸展開來躺臥並在裡面轉身的寬敞度為佳。需隨著狗狗的成長進行換購。

項圈▶挑選時，基本上是以項圈內側約可伸入2根手指的感覺來配戴。除了尺寸必須適合之外，也建議挑選材質輕、皮帶扣型的項圈。

如廁清潔用品▶用於每天的便盆清潔、處理隨地便溺的抹布或衛生紙、濕紙巾等，請一併準備好放入收納籃中。

餐具▶要準備吃飯用和飲水用的2種。為了避免狗狗不小心打翻，最好選擇有點重量且材質堅固的器具。不鏽鋼製品或陶製品都可以。

牽繩▶建議選擇耐用材質的尼龍製品或皮革製品。鎖鏈製品可能會傷到手，塑膠製品則可能會斷裂。以160～180cm的長度為適當。

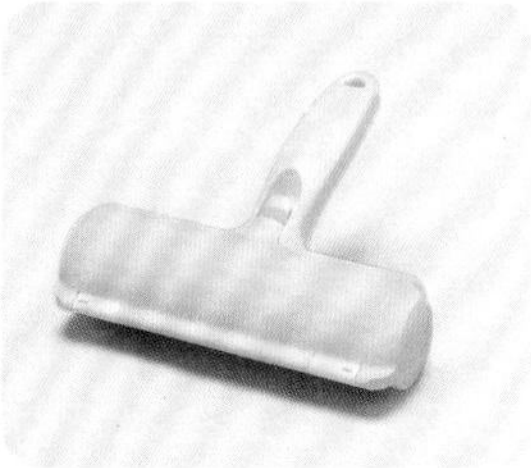

掉毛清潔器▶飼養狗狗，掉毛對策是不可欠缺的。掉毛很難用吸塵器清除，最好使用專用的掉毛清潔器或是清掃用的黏膠滾筒仔細地清除。

玩具▶準備健齒棉繩等可以和飼主一起玩的玩具，或是益智玩具（▶69頁）等狗狗可以自己玩的玩具。請選擇盡情地玩也不易損壞的堅固玩具。

視需要最好備齊的品項

除臭劑▶可以消除尿液或糞便的氣味，在狗狗隨地大小便時很方便使用。只要噴灑在便溺的地方，氣味就會消失，因此也可以避免狗狗老是在同一場所便溺。

外出提袋▶搭電車或公車等移動時，或是要短暫出門、帶往動物醫院時等都很方便。比狗籠輕巧，攜帶起來非常輕便。請選擇堅固耐用的製品。

馴犬師的建議

購買清潔護理商品請詢問寵物店人員

像是梳子等護理用品，不同的犬種所需的物品也不相同。購買時，最好先詢問寵物店人員後再購齊。此外，清潔護理作業請等到幼犬習慣家中後，再逐漸開始吧！

商品協助／IRIS OHYAMA（不含尿便墊、玩具、項圈、牽繩）

狗屋

建造狗狗和飼主可以融洽生活的狗屋

準備附有庭院的獨棟寬敞狗屋最為理想

在圍欄裡面設置廁所和床鋪、遊戲場所等，為愛犬確保附有庭院的獨棟狗屋般的寬敞住處。將圍欄做為愛犬的基本生活場所，更容易劃清生活的界線，能夠教導牠如廁訓練或是獨自看家等等和人類一起生活時必須學會的事情。此外，無法看著愛犬時，也要養成將牠放進圍欄中的習慣。除了能夠預防誤食等情況發生，可以安全地生活之外，也能預防胡鬧等令人困擾的行為。

基本

建造狗屋時必須注意的事項

準備安全舒適的環境，滿足幼犬的需求吧！

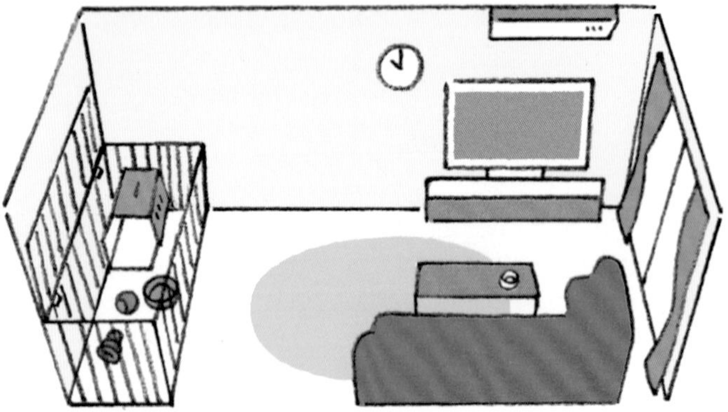

確保圍欄的空間

要建造對幼犬而言的舒適狗屋，必須有相當的寬敞度。收拾好將迎進狗狗的房間，儘量確保足夠的空間。

室內的溫度

雖然會依不同地區或居住環境而異，不過室溫大致以20～23℃為標準。請觀察幼犬的狀況，為牠確保適當的溫度。

設置的場所

請設置在有適度日照、通風良好、家人可以看到的起居室靠牆端。請避開空調的出風口會直接吹到的地方，或是經常有人出入的入口附近、容易看到外面的地方、陽光直接照射的場所等。

附庭院獨棟狗屋的裝置

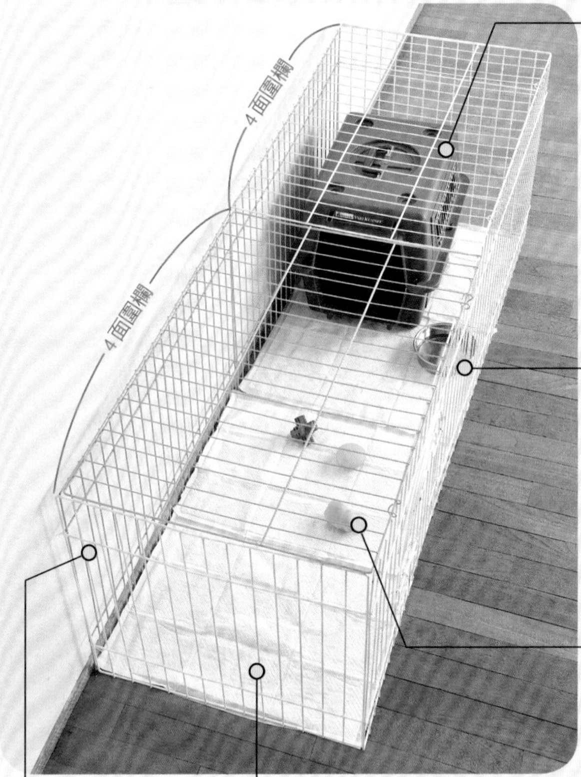

狗籠（床鋪）

設置狗籠做為床鋪。餵食也是在這裡面。將舊毛巾或是毛毯等摺好鋪在籠子裡面。為了安全出入，請將門打開固定或是先拆除掉。

飲水容器

讓愛犬隨時都能喝到新鮮的水。請準備堅固有重量、具穩定感的容器。不在家的時候，也可以使用虹吸式或是將寶特瓶倒過來使用的給水器具。

玩具

大約要準備3個可以長時間玩耍的益智玩具或是咬不壞的玩具。

圍欄

設置在家人聚集的起居室。如果是小型犬，可以連結2個4面圍欄；如果是大型犬，就使用8面圍欄或是用圍欄圍起整個房間，建造寬敞的空間。只要使用可以90度固定的角接接頭補強圍欄的角，就不容易倒塌。也要設置屋頂哦！

尿便墊

剛開始時請將整個圍欄內都鋪上尿便墊，讓愛犬可以在任何地方排泄。狗狗具有不弄髒床鋪及進食場所的習性，所以不會在狗籠附近排泄。這麼一來，就可以從床鋪附近逐漸拆除尿便墊（▶55頁），最後只在遠離床鋪的地方鋪上一張大尺寸的尿便墊，縮小如廁空間。

馴犬師的建議

精力十足的狗狗可能會推動圍欄

活潑又精力充沛的米格魯或是柯基犬、大型犬在遊戲等時，可能會將圍欄向前推或左右晃動。可以使用隔板等壓住圍欄加以固定，讓圍欄不會搖動。

想辦法給予狗狗舒適的生活環境

在家人居處的起居室裡，放置有充分空間的附庭院獨棟狗屋裝置是最好的。只不過，有些人的情況是真的無法放置在起居室中，或是沒有辦法確保充分的空間。這時，不妨考慮打造一個配合住家和家人生活型態的狗屋。

狗屋要放置在起居室的最大理由是，因為那是家人經常聚集的場所。如果有其他家人也經常居處的地方，也可以放置在那個房間裡。還有，真的無法挪出放置大狗屋的空間時，還是要設法打造袖珍但物品齊備的附庭院獨棟狗屋裝置。請不要以「我家很小，不可能……」之類的理由放棄，在盡可能的範圍內想辦法吧！

\ case study /

不同生活環境的狗屋設置法

每個人的住處和生活型態都不一樣。想辦法在現在的環境中，讓狗屋變成對愛犬而言的最佳住處吧！

case 01
無法放置在家人聚集的起居室時

請選擇設置在能與人互動的場所吧！

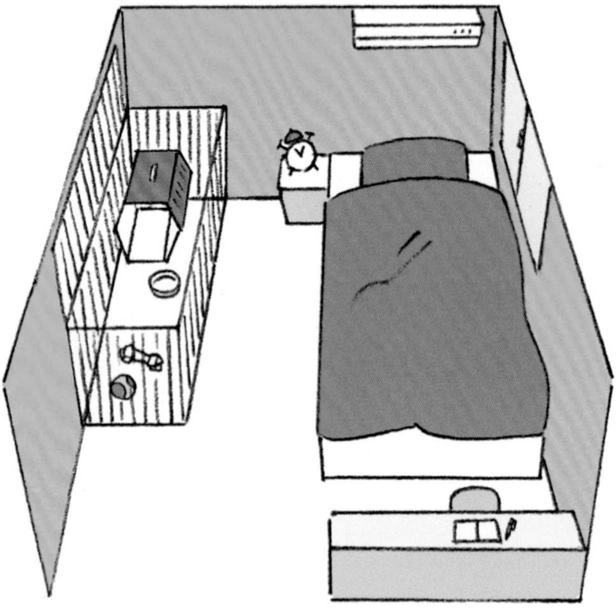

設置在家人其次經常居處的房間

為了如廁等的教養以及培養愛犬適度的自立心，最好設置在能讓愛犬適度地感受到有人的氣息、能夠立刻加以應對的場所。無法設置在家人聚集的起居室時，就將附庭院獨棟狗屋設置在家人其次會聚集的寢室等可以看著牠的場所。設置的地點要避免在門口附近或是窗戶附近，儘量選擇在面對牆壁、好像可以讓幼犬安穩下來的地方吧！

MEMO

不要給予用不希望狗狗啃咬的材質所做成的物品

對於身為獵食動物的狗狗來說，想要啃咬的需求本來就是結合了本能的極其自然的行為。尤其是幼犬，啃咬就是牠的工作。當狗狗獨自在家時，最好收起遊戲中可能會損壞的玩具，不要給予，等到和飼主一起玩時才使用吧！另外，圍欄或狗籠、家具等不想讓狗狗啃咬的東西，也可以預先噴上防咬噴劑。

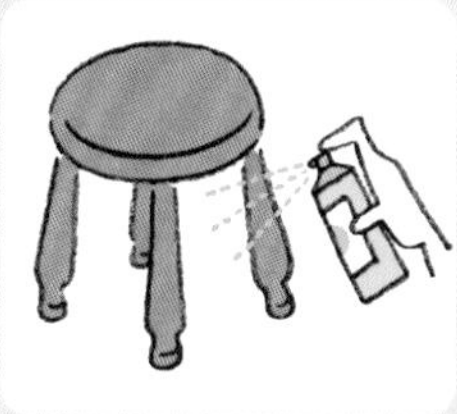

打雷之類的自然災害等也必須注意

即便外出時開了空調進行室溫管理，還是可能會因為突然的打雷等自然災害而造成停電。經常長時間讓狗狗獨自看家時，最好預先為這樣的時刻想好對策。近來市面上也售有不需用電的涼墊或是保暖墊等，最好為牠準備。

case 02 放置狗屋的場所狹窄時

就算空間狹小，還是要妥善地為牠準備住處。

縮小規模，設置所有必需物品

真的沒有辦法確保寬敞的空間時，就算縮小規模，還是一樣要設置狗籠、便盆、飲水容器等，為愛犬打造小而美的住家。因為地方狹窄，如果長時間都關在裡面，有些狗狗會產生壓力。請經常將愛犬從圍欄中放出來玩，做做感情交流吧！

case 03 家人經常不在家時

確實地準備舒適的附庭院獨棟狗屋吧！

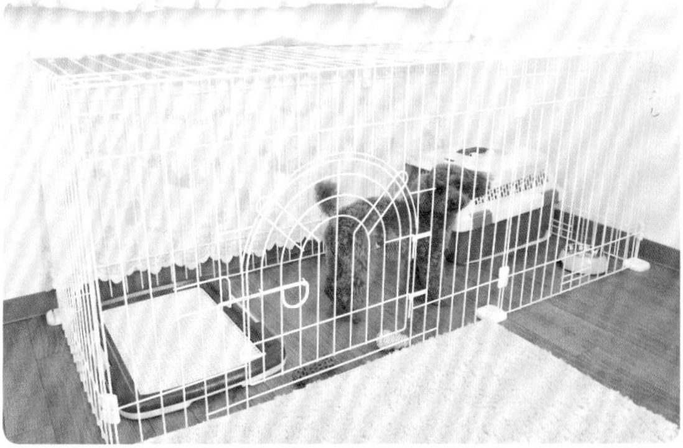

準備安全的玩具，充分確保遊戲空間

準備足夠寬敞的附庭院獨棟狗屋，將圍欄內做為基本的生活場所。如果愛犬能夠將在圍欄內的生活視為當然的話，不但可以在牠獨自看家期間或是無法看著牠的時候確保安全，也能防止胡鬧。此外，也要觀察愛犬平常的樣子，用空調來管理愛犬獨自在家時的室溫。

狗屋牽繩

預防問題行為的狗屋牽繩控制法

使用狗屋牽繩來預防胡鬧

從迎進幼犬那一天開始，一定要施行的就是「狗屋牽繩控制法」。這是為了要預防狗狗胡鬧或舔咬等不希望牠經驗的事而使用的方法。

將愛犬從圍欄中放出來，讓牠在室內自由活動時，一定要配戴牽繩。當愛犬好像要做出問題行為時，就握住牽繩制止牠的動作，避免讓牠學會該行為，以預防習慣化。狗屋牽繩僅在能看著狗狗的時候使用，散步時請使用正式的牽繩。

基本　使用狗屋牽繩時的注意事項

使用狗屋牽繩時，請注意下列事項來進行教養。

放出來房間時，行動範圍不要太大

配戴狗屋牽繩放出來時，為了預防隨地便溺等問題行為，剛開始請在房間裡設置柵欄，限制狗狗可以自由活動的場所。最好等到學會如廁後，再慢慢加大可以行動的範圍。

僅在看著狗狗的時候使用

在無法看著牠的時候，請解開牽繩，讓愛犬回到圍欄裡，以預防因為狗屋牽繩纏到什麼而無法動彈、導致受傷等意外發生。

就算變成乖狗狗了也不能拆掉

雖說愛犬已經不會胡鬧或是舔咬了，但若是立刻解開牽繩、讓牠在室內自由活動的話，會讓愛犬誤以為「今天起就沒有牽繩了，可以愛做什麼就做什麼」。為了避免愛犬誤會，當牠變乖後，就要逐漸將繩子剪短；即使繩子已經剪短到剩下20～30cm了，還是要讓愛犬以為身上綁了牽繩。這樣做可以防止問題行為的發生。讓繩子逐漸變短，到最後即便沒有繩子了，剛開始的一段時間還是要假裝有配戴牽繩，不讓愛犬以為沒有牽繩了。這在防止問題行為上是非常重要的。

HOW TO

進行狗屋牽繩控制法

簡單！

狗屋牽繩的製作方法

普通的牽繩有重量，有時不容易操控。不妨自己來做輕巧的牽繩吧！

準備繩子和扣環

請準備帽T等附有的壓克力繩2m和扣環。這些可以在手工藝品店等購得。

↓

裝上扣環

將繩子纏繞在扣環的穿繩部分，牢牢打結，以免脫落。不需要製作像牽繩一樣的把手，以免鉤到家具等。

防止狗狗咬腳

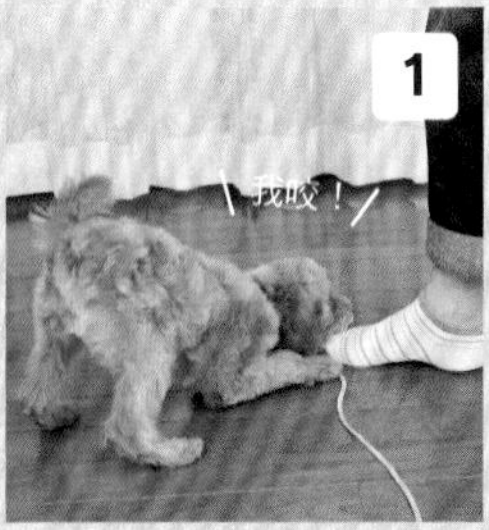

咬腳

飼主一動，狗狗就過來咬腳。

用牽繩拉開狗狗

手持牽繩拉開狗狗，腳保持不動。一邊注意避免勒緊狗狗的脖子，一邊保持此狀態不理狗狗，直到牠不想咬為止。

安靜下來就稱讚牠

等狗狗安靜下來不再咬腳之後，讓牽繩恢復原狀，稱讚狗狗。讓牠學習到：如果咬腳就沒有人要跟牠玩。

防止狗狗舔咬

舔咬

一跟牠玩，狗狗就過來咬著手玩。

用牽繩拉開狗狗

手持牽繩，將狗狗拉開，讓牠的嘴巴碰觸不到手。被咬的手不動，保持這個狀態，暫時不理牠。

安靜下來就稱讚牠

等狗狗安靜下來後，讓牽繩恢復原狀，稱讚狗狗。讓牠學習到：如果舔咬就沒有人要跟牠玩。

飲食

飼養健康狗狗的基本飲食

重要的是守護狗狗的健康

關於狗狗的飲食，有人認為用市面上販賣的狗糧就可以了，也有人認為親自烹調的才是最好。除了狗狗的體質之外，負責準備飲食的家人的生活週期也各有不同，因此無法一概而論哪一種才是最好。請觀察愛犬的身體狀況來決定吧！

成犬可以一天餵食2次，幼犬的消化和吸收能力尚未發達，一天基本上要分成3～4次餵食。隨著成長，必需的營養量也會改變，請和獸醫師或是愛犬的飲食指導師商量後再做更換。

基本

狗狗的飲食種類

觀察愛犬的狀況來決定飲食吧！

自製餐點

使用當季的各種食材，考慮營養均衡地為狗狗製作餐點吧！只不過，若是因為力求完美而讓內心產生負擔，或是因此而減少了和狗狗共處的時間，就沒有意義了。親自烹調時，也可以參考自製餐點的相關書籍或是狗狗飲食指導師的網頁等來進行烹製。

狗糧

被認為是完全營養食的狗糧，又分為乾糧型和濕糧型。乾糧型的狗糧是最普遍的，保存性高，不過需注意開封後的氧化。濕糧型狗糧的特徵是氣味強烈，口感接近自製餐點，很容易吸引狗狗食用。不管是哪一種，都要仔細看清楚原料，給狗狗品質佳的食物。

不同月齡的食物菜單（以市售狗糧為例）

在狗狗長大成犬之前，必須依照幼犬的發展階段來更換狗糧。
請和獸醫師商量後再做決定吧！

11個月以上

給予成犬用狗糧

當身體停止成長、長到體格相當於成犬後就要給予。更換的時候，以1：1的比例和幼犬用狗糧混合，約花1星期的時間，慢慢增加成犬用狗糧的量來做轉換。

4～10個月

給予幼犬用狗糧

在身體的成長期間，要給與營養價值高的幼犬用狗糧。請視狗狗的成長，與獸醫師商量後再換成成犬用狗糧。

2～3個月

給予離乳食

離乳食是將乾糧用熱水泡軟，用手指壓扁成糊狀的食物。硬度要逐漸增加，好讓狗狗到了約4個月大時能夠換吃乾糧。

食物種類的優點・缺點

市面販售的狗糧和自製餐點，無法一概而論哪一種比較好，
還是依據優點和缺點來考慮飲食吧！

食物種類	優點	缺點
狗糧	營養均衡經過計算，不需多費時間和工夫，保存性高也是其魅力。不過，濕糧型的水分較多，在幼犬時期可能不容易攝取到熱量。	每天吃相同的食物，狗狗可能會對吃飯失去興趣。不妨偶爾給予不同種類的食物。
自製餐點	可以配合狗狗的身體狀況和體質，視情況做調整。飲食的新鮮度和溫熱度、可以選擇安心的食材來製作等也都是優點。	每天親自調理，飼主可能會有負擔。一次做好一星期的分量冷凍保存起來也是一個方法。

要小心不能讓狗狗吃的食物

注意！

章魚・烏賊

甲殼類對狗狗來說是不易消化的食材。也可能會弄壞肚子，請不要給予。

加熱過的骨頭

生的骨頭比較容易咬碎，所以比較不用擔心；但是加熱過的骨頭會變硬，容易刺傷喉嚨或內臟。

蔥類

青蔥或洋蔥等有溶血作用，可能會造成貧血或血便等症狀。

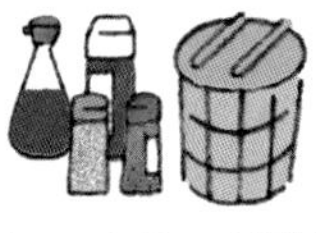

加工食品・刺激物

胡椒或辣椒等香辛料可能會吃壞肚子。味噌或醬油、醬料等調味料、人類吃的加工食品也要避免。

巧克力

巧克力中所含的可可鹼成分會引起嘔吐或下痢等中毒症狀。

人類喝的牛奶

人類喝的牛奶可能會引起下痢的症狀。請不要給予水以外的飲料。

飲食

從幼犬時期開始就要好好教導用餐的規矩

時間和給予方法要避免規律化

一次的飲食量和用餐時間不需要嚴格規定。狗狗對時間的感覺非常敏銳，如果固定時間吃飯，牠就會記住該時間；時間一到，若是還不開飯，可能就會吠叫索求。更何況有時飼主也可能因為臨時有事或加班等而晚歸。為了因應這樣的時候，請不要固定在每天相同的時間餵食。

此外，在用餐之前，請讓狗狗處於「坐下＋等待」（▼96頁）狀態下做眼神接觸，待穩定下來後再給予。

基本

餵食時必須注意的事項

關於用餐時間的掌控方法等，有些必須注意的重點。

撤走餐具的時機

為了避免愛犬對餐碗抱持執著心，餐碗要在吃完後立刻收拾，或是等一下後再收拾，避免將撤掉的時機模式化，並且要在愛犬離開餐碗的時候才撤走。這時，可以用比餐碗更具吸引力的零食做為交換，一邊給愛犬吃零食，一邊出聲說「給我」，將餐碗撤掉。請不要在愛犬舔舐餐碗的時候拿走。至於攻擊性強的狗狗，因為很難訓練，所以可跟著採取稱讚教養方式的專業馴犬師一起做訓練。

飲食的給予方法

當愛犬不吃時，請以20分鐘做為收拾乾淨的標準。如果食物一直放著，愛犬會覺得反正任何時候都能吃，就會拖拖拉拉地邊玩邊吃。牠不吃了，就把食物撤下，也不要覺得牠會肚子餓好可憐，而在兩餐之間餵牠吃東西。要教導牠必須在食物端出來時用餐。

不要給牠人類的食物

人類的食物有許多鹽分、糖分、脂肪成分等，有些對狗狗來說是不好消化的東西。而且只要給過一次，可能就會成為索求吠叫等不良習慣的原因。不只對狗狗的健康有害，也可能引發讓人困擾的行為，因此絕對不可給予。

HOW TO

讓狗狗沉穩進食的練習

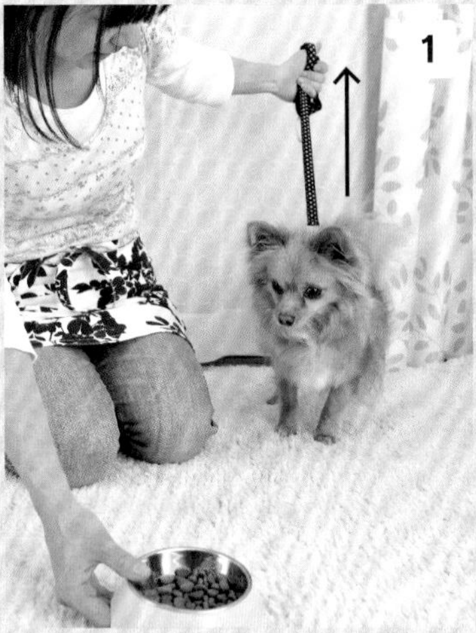

握著狗屋牽繩，放置餐碗

使用狗屋牽繩，一邊控制幼犬的動作，一邊在離幼犬稍遠的位置放好裝有食物的餐碗。手中握住幾個零食。

發出「坐下＋等待」的指令，進行眼神接觸

發出「坐下＋等待」（▶96頁）的指令，進行眼神接觸（▶88頁）。一邊給予零食，反覆做此練習數次。

發出「OK」的指令

發出「OK」的指令，讓狗狗吃飯。讓牠等待的時間不要太長。

注意！

狗狗不吃時請想想原因

幼犬會剩下食物不吃，一定有什麼原因。飯量太多、身體不舒服、吃了太多零食所以肚子很飽、沒有運動所以肚子不餓等等，有各種不同的原因。當狗狗不吃的時候，請想想原因來做因應吧！檢查一下餵食的量是否太多了？零食是否給得過多？是否做了遊戲或散步等充足的運動？等等，如果有想到符合的地方就要改善。若是這樣仍然不想吃，很可能是身體不舒服。狗狗的樣子若和平常不同，顯得不舒服不想吃的話，請立刻帶到醫院，接受獸醫師的診察。

如廁

建造「大廁所」來教導，就是讓狗狗學會如廁的捷徑

建造不讓狗狗失敗的環境非常重要

和愛犬一起生活時，希望牠最先學會的應該是上廁所吧！要讓愛犬早一點學會如廁，要領就是儘量不要製造讓幼犬隨地便溺的機會。因此，準備好附庭院獨棟狗屋，並在圍欄內的地板全部鋪上尿便墊，好讓愛犬在剛開始時可以在任何地方排泄。

然後，掌握愛犬的排泄時機和排泄徵兆，在把牠放到圍欄外面時，由飼主適時地引導牠如廁。

基本

排泄的時機

估計排泄的時機，帶狗狗去上廁所。

遊戲或運動過後

和飼主遊戲或是散步等活動身體之後，會變得頻頻想排泄。

可以在室內自由活動時

在室內自由活動時，身體的活動超乎預想。可能會以10或15分鐘的短暫間隔排泄。請記下排泄的時間等，估計時間帶牠去上廁所。

起床後

睡醒時會有尿液累積。

用餐後或飲水後

吃過飯或零食之後，或是喝完水後，會變得容易排泄。

興奮後

心情興奮、到處活動後也會變得容易排泄。

check!

一般的排泄徵兆

☐ 嗅聞地板或地面的氣味

如果坐立難安地嗅聞地面的氣味，可能就是在尋找排泄場所。

☐ 在該場所打轉

決定好排泄場所後，會在該處做出繞圈打轉的動作。

基本

在附庭院獨棟狗屋中準備大廁所

剛開始要在圍欄內的地板全面鋪上尿便墊，讓狗狗在任何地方大小便都能成功。

鋪上地板弄髒了也沒關係的尿便墊等

如果擔心尿液到處溢流，或是弄髒木質地板、尿液滲入的話，只要先在地板上鋪滿市售的除臭止滑墊或是地板墊，就可以安心。而且也可以防止圍欄因為狗狗的動作而前後左右晃動。

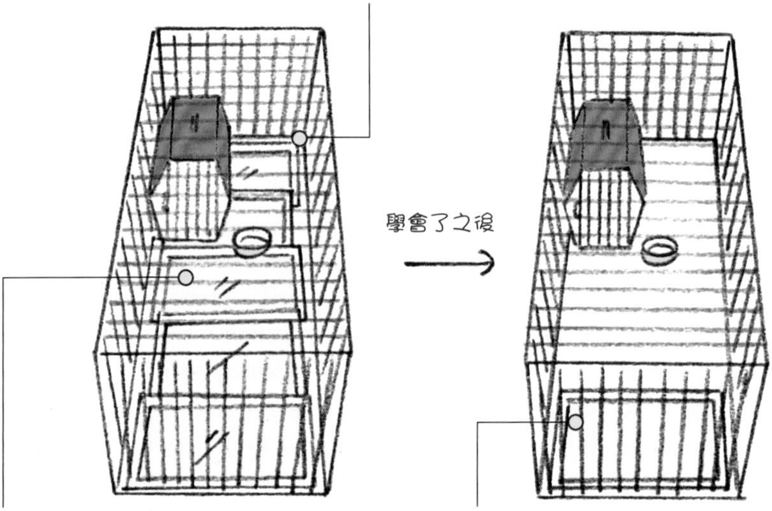

最初要全部鋪上尿便墊

剛開始時，要在圍欄內的地板上全部鋪滿尿便墊，進行如廁訓練（▶57頁）。如果能夠養成在狗籠吃飯或是睡覺的習慣，在狗籠旁邊排泄的情形就會漸漸消失。如此一來，就可以從狗籠旁邊逐漸拆掉尿便墊，最後只留下便盆上的尿便墊。

最後只留下一片尿便墊

慢慢將尿便墊拆除，最後只使用一片。如此一來，就可以在尿便墊下方使用便盆了。

MEMO

平日經常留狗狗獨自在家時

由於無法看著牠上廁所，訓練也有困難，所以經常留愛犬獨自看家時也一樣，要在地板全部鋪上尿便墊，讓牠在任何地方如廁都不會失敗，擴大廁所的範圍。將愛犬放入圍欄內後出門，不讓牠有失敗經驗地耐心推進是最重要的。在家的時候，請為愛犬進行如廁訓練（▶57頁）。

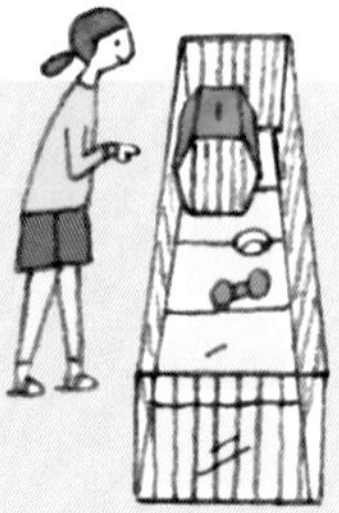

如廁

如廁訓練必須有耐性地確實進行

掌握愛犬的排泄時機也很重要

如廁訓練，只能在飼主可以看見狗狗的時候進行。請找出時間積極地進行訓練吧！還有，最重要的是，就算失敗也不可斥罵騷動，要避免被狗狗看見地收拾乾淨。

幼犬（出生後約6個月大前）能夠忍耐排泄的時間大約是「月齡＋1個小時」。在剛開始時做好排泄記錄，弄清楚愛犬能夠忍耐排泄的時間，訓練就能順利進行。適時帶狗狗去上廁所，持續訓練直到牠能完全學會為止。

基本

失敗時必須注意的事項

重點是，就算愛犬失敗了，也不要做出反應。

不起大騷動

一發現狗狗便溺，難免會想「哇～」地大聲嚷嚷，不過騷動反而會帶來反效果。狗狗會以為，只要小便失敗就能獲得注意，日後可能會為了引起飼主注意而隨地排泄。

不斥罵

都還不理解上廁所這件事，就算被罵了，狗狗也不會明白飼主為什麼生氣。可能會因為受到斥罵而害怕地躲起來排泄，或是誤以為「主人注意到我了」。

關進狗屋後再收拾

如果當場收拾，有些狗狗會對手的動作產生反應而過來嬉鬧。由於這樣會讓狗狗誤以為是在玩遊戲，所以要把牠放入圍欄裡，不讓牠察覺地默默收拾乾淨。

不給予體罰

打牠或是在牠尿尿的地方強摁下狗狗的鼻子，讓牠每次小便失敗就受到體罰的話，狗狗的心理也會受傷。若是讓牠學習到「小便＝被罵」的話，就會變成以後小便時都要躲著飼主了。

HOW TO

如廁訓練的方法

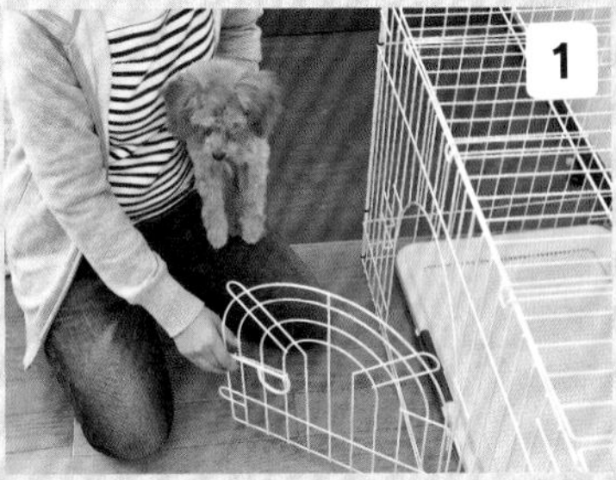

在排泄的時機帶牠去上廁所

為了避免帶牠去的途中就尿出來的失敗，要想一下上次排泄的時間，在稍微提早的時間點抱著牠去上廁所。

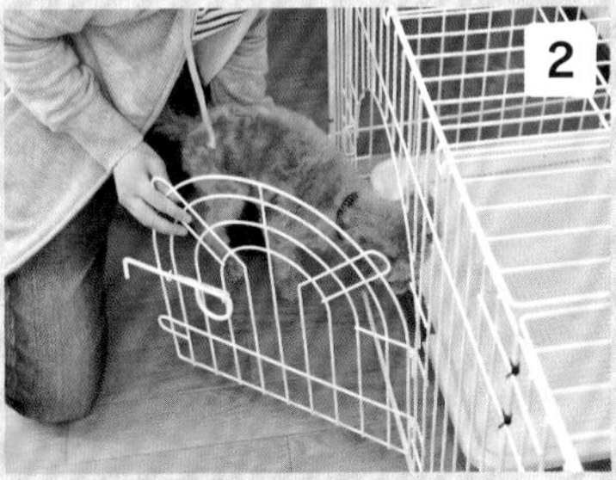

放入圍欄時讓牠從門口進去

為從門口處誘導牠自己進入圍欄裡。狗狗一走進去就要稱讚牠，然後關上門，讓狗狗認知進入圍欄裡是件好事。

視線不相交地出聲說話

當狗狗在廁所裡開始正確地排泄後，就要轉開視線，對牠說出「1、2」等和緩地催促牠排泄的話。讓話語和排泄行動產生關連。

排泄成功就要立刻稱讚牠

等狗狗排泄好了就要立刻稱讚牠。剛開始的時候可給予零食等，讓牠認為在廁所排泄＝好事情。

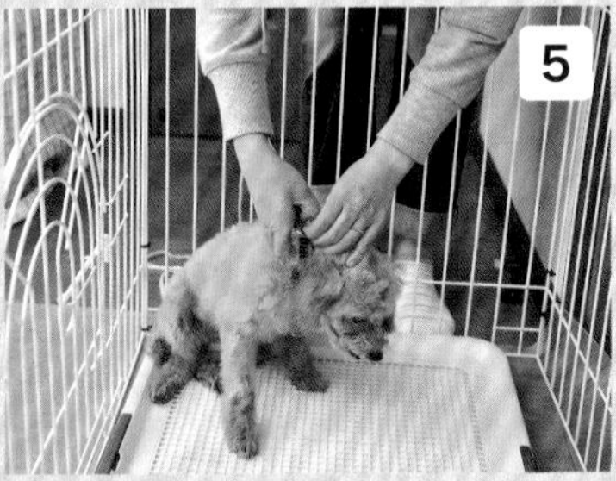

打開屋頂，配戴狗屋牽繩

在圍欄裡面稱讚牠後，打開屋頂為牠配戴狗屋牽繩。

讓幼犬從圍欄裡出來

配戴好狗屋牽繩後，打開門，讓牠出來外面。這樣也會成為獎勵品，讓狗狗了解回到圍欄裡排泄是件好事情。狗狗排泄時，在一旁出聲說「1、2」，日後只要這樣說，就可以讓狗狗小便變得更加容易。

讓狗狗不管是在室內的圍欄裡還是戶外都能如廁

減輕飼主的煩惱和掛念

就算會在尿便墊上排泄了，但是長大後一旦學會在戶外排泄，有些狗狗會為了想在外面做記號而變得不在室內排泄。如此一來，既可以省下尿便墊的費用，家裡也不會弄髒，有些飼主會認為這樣很好而將便盆收拾掉。雖然想來輕鬆，不過因為狗狗只在外面排泄，所以不管飼主有什麼事，都必須放下正在處理的事情，為了讓狗狗上廁所而回家。這對彼此來說都會成為相當大的負擔。

對於只在外面排泄的狗狗來說，要讓牠學會在屋子裡如廁是很困難的。為了避免這樣的情形發生，從幼犬時候開始，就要讓牠能藉由催促如廁的聲音在室內或戶外排泄，以減輕飼主每天的負擔和掛念。

如廁教導最重要的是耐性

狗狗本來就沒有在同一個地方如廁的習慣。到處排泄是正常的，並不是只要擺上便盆，就能讓牠學會如廁。在牠學會如廁之前，要反覆帶牠去上廁所，讓狗狗認為「在尿便墊上排泄就會有好事發生」。有耐性地教導牠吧！

check!

為什麼狗狗學不會如廁？

☐ 排泄的時機不對

試著記下愛犬的排泄記錄約1星期看看。由於排泄有個體差異，所以真的弄不清楚時機時，可試著每隔5分鐘～10分鐘就帶牠去上廁所。

☐ 失敗時給予處罰

在排泄失敗時給予斥罵的處罰，會讓狗狗誤以為是在罵排泄這件事本身，可能會導致躲起來排泄的行為。就算失敗了也不要處罰牠，有耐性地進行訓練吧！

☐ 有容易弄錯的東西

寵物店或繁殖業者使用的廁所，可能是報紙或毛巾等，如果和目前使用的材質不一樣，就必須注意。如果地上有那些東西，狗狗就會弄錯而排泄，還是先收起來吧！

☐ 廁所髒污

狗狗不喜歡在髒污的場所排泄。基本上只要尿便墊一髒，就要進行更換。如果經常不在家，可以將廁所的範圍鋪大一點，就能讓狗狗避開已經弄髒的地方，進行排泄了。

避免模式化的各種稱讚方法

排泄完畢要稱讚狗狗時，請隨機變換稱讚方法。使用各種不同的方法，可以預防狗狗對零食的索求吠叫。

給予狗糧

可以在廁所附近準備好，做為獎勵品的一種。雖然可以給牠狗糧或零食，但要注意不可頻繁給予。

外出散步

如果是非常喜歡散步的狗狗，也可以帶牠去散步。不過，要讓牠在外面行走，必須要等到疫苗接種完成之後。接種之前請抱著牠進行散步。

放出來房間中

能夠從圍欄裡出來到寬敞的房間中，對幼犬來說是很大的獎勵品。房間請先收拾乾淨。

言語稱讚後撫摸

當牠做得很好時，請立刻稱讚牠，好讓幼犬容易明白。撫摸牠，和幼犬做肌膚接觸也很不錯。

肌膚接觸

藉由肌膚接觸來檢查狗狗的健康

飼育成任何部位都能被人碰觸的狗狗

可以摸到狗狗身體的每一處是非常重要的。如果愛犬討厭被人碰觸的話，不僅是日常照顧，就連上動物醫院接受診察等，也會產生許多無法順利進行的情況。

基本上，狗狗喜歡被人溫柔地撫摸，如果彼此能建立信賴關係，牠也會樂於任由飼主擺佈。從背部或脖頸等較不敏感的部分開始撫摸，讓牠習慣。腳尖等狗狗不喜歡被碰觸的地方，可在給予獎勵品時一邊輕輕地碰觸，讓牠逐漸習慣。

清潔護理是維持健康和溝通的手段

待狗狗願意讓人碰觸身體後，就要幫牠進行刷牙等清潔護理。雖然狗狗經常會自己舔舐理毛、自行清潔，不過畢竟還是有其限度。

清潔護理不單只是為了保持外觀乾淨美麗，還可以預防蜱蝨或跳蚤等寄生到身體上，做到衛生上的照顧，所以也能保護幼犬遠離皮膚病。此外，日常性地撫觸身體，也能早期發現疾病，是幼犬的健康維持上所不可欠缺的作業。

基本

肌膚接觸的要領

依據要領好好地進行肌膚接觸吧！

一邊對牠說話一邊撫摸

一邊對牠說話一邊觸摸，可以讓狗狗放鬆。以穩定悠閒的心情輕輕地撫摸牠吧！

進行肌膚接觸之前先遊戲

在進行肌膚接觸之前，先充分進行遊戲或運動。估計幼犬已經累到精疲力盡的時候再開始。

討厭被摸的地方要讓牠慢慢習慣

臉部周圍或腳尖等，如果有不乖乖讓人觸摸的地方，絕對不可強迫。重點是要使用獎勵品等，花一些時間讓牠能逐漸接受。

HOW TO

進行肌膚接觸的方法

1

讓狗狗發洩精力

在做肌膚接觸前，一定要先進行遊戲或散步、運動，讓狗狗發洩精力，使其疲累。牽繩可以預防狗狗暴動或是逃走，別忘了一定要戴上。如果可以兩個人做的話，分擔進行會比較好。

從背部撫摸到尾巴

握住牽繩，讓狗狗啃咬牛皮骨等。以穩定悠閒的心情從背部撫摸到尾巴。

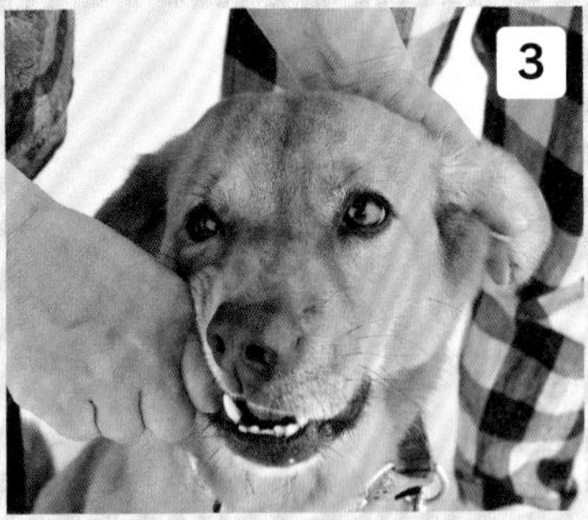

撫摸耳朵

一邊讓狗狗咬牛皮骨，一邊用一隻手順著毛流輕輕撫摸耳朵。狗狗喜歡的是像按摩般的撫摸。

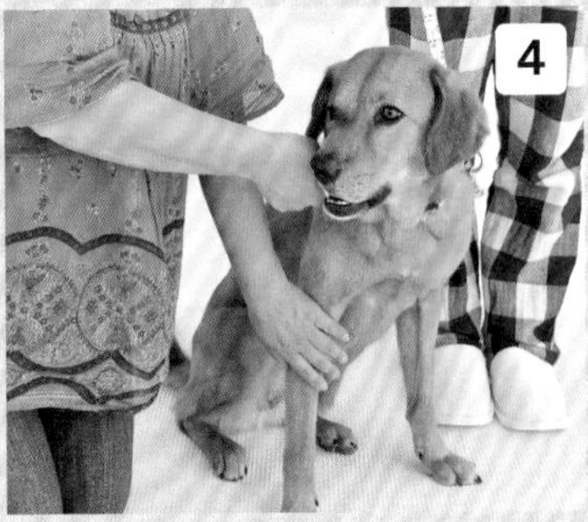

從胸部撫摸到腳尖

一邊讓狗狗咬牛皮骨，一邊緩慢輕柔地從胸部撫摸到腳尖。

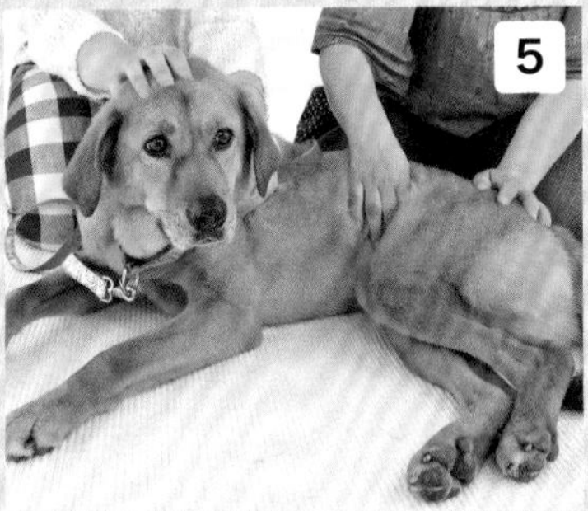

撫摸頭部、背部及側腹

如果狗狗顯得舒服安穩，就和緩地撫摸頭部、背部及側腹。

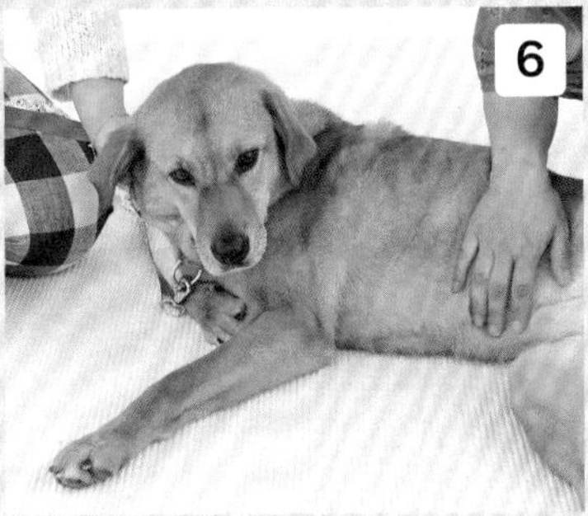

撫摸肚子

如果狗狗放鬆下來，主動露出肚子，就和緩輕柔地進行撫摸。

HOW TO

打開嘴巴的練習

！這個練習對於進行刷牙或餵藥、在醫院診察、誤食時等必須打開狗狗的嘴巴時是必要的。但是，如果狗狗有攻擊行為的話請勿進行。

STEP1 / 觸摸嘴巴周圍

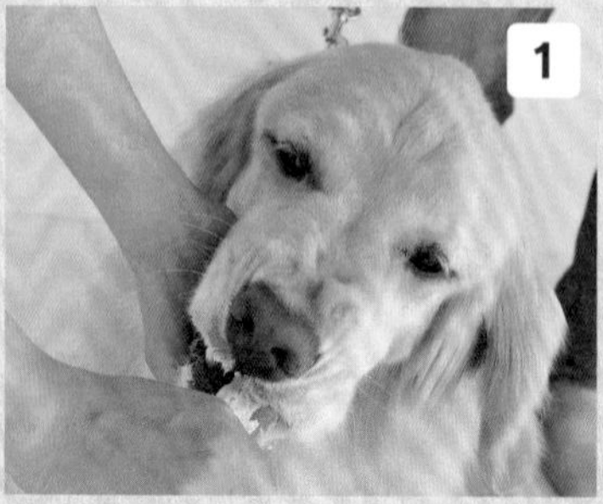

觸摸臉頰

一邊讓狗狗咬牛皮骨，一邊輕輕觸摸臉頰。

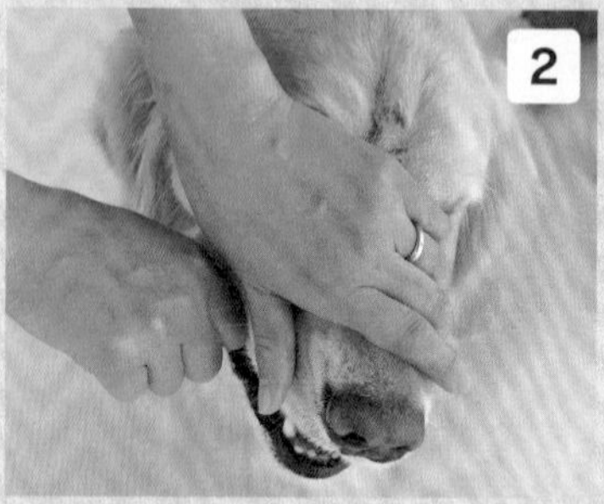

觸摸口吻部

一邊讓狗狗咬牛皮骨，一邊從額頭開始和緩地撫摸，不要從正面抓著。

MEMO

用布簡單地進行刷牙

能讓狗狗打開嘴巴後，一定要幫牠刷牙。一邊讓牠咬牛皮骨，一邊將捲上紗布的手指伸入嘴唇的內側，幫牠刷牙。也可以使用犬用牙刷。

HOW TO

懷抱的方法

手腕放入前腳間

手腕從狗狗的側面伸入前腳之間。另一隻手穩固地支撐臀部。

抱住

這個時候要出聲說「抱抱」，將狗狗抱起來。牢牢地抱住臀部，使其穩定。

給牠獎勵品

如果能乖乖地讓人抱住，就要稱讚牠「好乖」，並給牠獎勵品，撫摸頭部。

STEP2 / 打開嘴巴

讓牠嗅聞氣味，碰觸口吻部

一邊讓牠嗅聞最喜歡的零食的氣味，一邊碰觸口吻部。

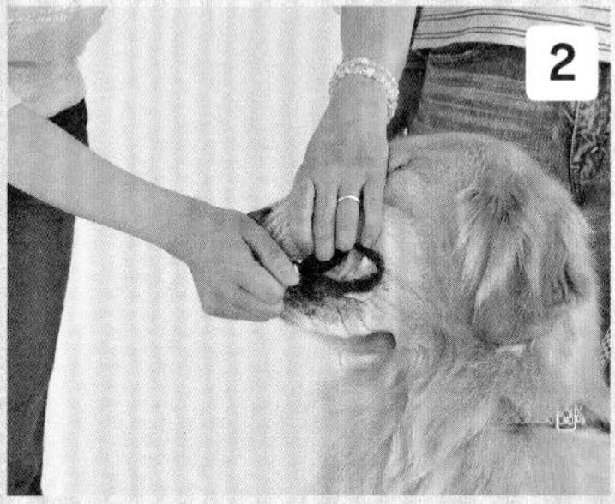

觸摸嘴巴

一邊讓狗狗嗅聞零食的氣味，用左手以狗狗的上唇包住牙齒後往上提。

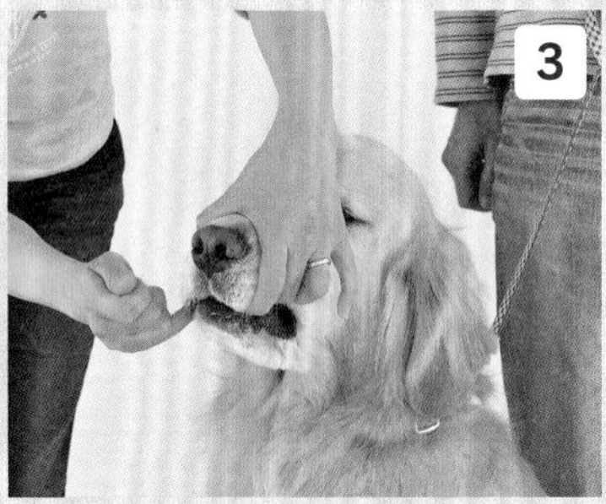

稍微拉開下顎

用左手觸摸口吻部，以右手的小指將下顎稍微往下拉開。

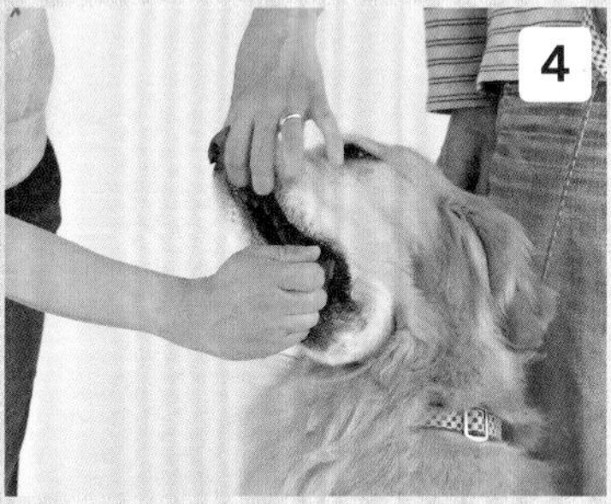

讓狗狗打開嘴巴，放置零食

一邊出聲說「啊～」，一邊讓狗狗打開嘴巴，將零食放在嘴巴裡，稱讚牠。

注意！

對成犬進行時請特別注意！

打開嘴巴的練習，最好從幼犬的時候就開始進行。嘴巴周圍是特別敏感的部位，勉強進行的話，可能會讓狗狗覺得討厭，不想讓這件事繼續下去而張口咬人。尤其是成犬後才要進行嘴巴周圍的訓練時，狗狗幾乎都會有強烈的警戒心，使得施行更為困難，因此請務必要小心。

HOW TO

梳毛的方法

◆準備用品◆　排梳、益智玩具

給牠益智玩具，一邊進行梳毛

幫狗狗戴上牽繩，用膝蓋壓住牽繩固定。在益智玩具中塞入零食後給予，一邊輕輕地梳毛。

完成後，交換零食和益智玩具

梳毛完成後，給牠零食，交換益智玩具。請做為讓牠習慣梳毛訓練的一環來進行。

了解被毛的類型來選擇梳子

狗狗的被毛有各種不同的毛質和長度。請參考毛質，選擇適合幼犬的梳子。

長毛

就是長被毛，常見於博美犬、黃金獵犬等，毛質有直毛或捲毛等各種。梳針末端具有粗度型的針梳，比較容易梳開糾結的被毛，因此較為適合。

短毛

短毛是稍微有點硬度，常見於毛量比平順短毛還多的日本犬或威爾斯柯基犬等的毛質。請以也能使用在臉部周圍的金屬製排梳來整理吧！此外，排梳也可以使用在所有毛質梳毛後的最後修飾上。

剛毛

剛毛是上毛較硬、呈鐵絲狀的毛質，常見於迷你雪納瑞或㹴犬犬種。建議使用梳針彎曲成「く」字型的細針梳。可梳開糾結的被毛，去除脫落毛。

平順短毛

是又短又直的毛質，常見於吉娃娃或鬥牛犬等。建議使用容易吸附脫落毛及灰塵的軟橡膠製的橡膠刷。

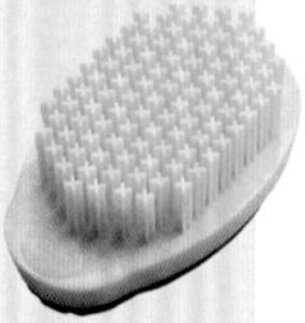

HOW TO

擦腳的方法

◆準備用品◆ 小毛巾

● **在狗狗站立狀態下擦拭**

如果是不方便抱著的情況或是大型犬，就在站立狀態下擦拭。由一個人握住牽繩後給予零食，另一個人負責擦腳，就能順利進行。

● **抱著擦拭**

讓牠習慣被人摸腳。如果可以兩個人進行的話，由一個人抱著狗狗給予零食，另一個人則擦拭牠的腳。

MEMO

剪趾甲、肛門腺的護理、洗澡可交由專家來進行

自己幫狗狗做清潔護理雖然很重要，不過像是剪趾甲或是肛門腺的護理、洗澡等需要技術性的工作，還是交給專家會比較安心。例如，要是勉強修剪趾甲而造成狗狗受傷的話，可就得不償失了。而且，一旦讓狗狗認為該經驗是討厭的事，變得不讓人摸腳的話，就連擦腳也無法做了。想要親自照顧狗狗的用心雖然很好，但不過度勉強地交給專家進行也很重要。

馴犬師的建議

梳理用品會依犬種而有不同的必需工具

長毛的狗狗除了排梳之外還需要針梳，短毛狗狗則需要橡膠刷。依犬種而異，有不同的必需工具。請詢問寵物店人員或寵物美容師，慢慢地備齊初學者也能安全使用的工具吧！

狗狗的皮膚很脆弱，在梳子的用法上必須細心注意

梳子的使用方法錯誤，可能會傷到皮膚，或是讓狗狗感到疼痛。尤其是使用針梳的犬種，最好請教寵物店的人員該如何使用，並在實際使用前先練習一下力道的輕重等。

獨自看家

創造狗狗能夠安心的環境，讓牠習慣自己看家

讓狗狗把獨自看家視為理所當然的事

任何家庭應該都會有沒人在家的時候。就算機會不多，只要有讓愛犬獨自在家的情況，最好從一開始就讓牠把獨自看家視為日常性、理所當然的事。只要知道主人一定會回來，愛犬獨自在家的期間也能安心地玩耍來度過。

待狗狗習慣家中後，就要讓牠體驗家人從牠身邊離開、待在家中其他房間沒有任何人在身邊的狀況。剛開始從短時間讓牠習慣，之後再慢慢拉長時間，應該就能真正地獨自看家了。

想讓狗狗自己看家，飼主內心的穩定是很重要的

狗狗本來是群體生活的動物，所以不喜歡長時間獨自看家。雖是如此，如果飼主在出門時就過度擔心「讓牠自己看家好可憐，不會有問題吧？」的話，愛犬就會感染到這樣的動作和氣氛，也會開始變得不安。所以飼主內心的穩定也是非常重要的。

不要認為讓愛犬獨自看家好可憐，就以讓牠習慣飼主不在家的心情，輕鬆地出門吧！不要讓狗狗感覺到你外出時的掛心。

基本

獨自看家時，附庭院獨棟狗屋更顯重要

飼育成獨自看家也毫無問題的狗狗吧！

放入附庭院的獨棟狗屋中

如果能先準備好附庭院的獨棟狗屋，因為裡面有床鋪、廁所、裝水容器和玩具，就能毫無問題地讓愛犬獨自看家。準備益智玩具或牛皮骨等幾種可以讓牠玩到忘我的玩具，把狗狗放進圍欄裡吧！不過，如果這些玩具只在獨自看家的時候給予，狗狗就會學到玩具＝獨自看家，所以當有人在家的時候也同樣要給予。

基本

狗屋的放置場所

請放置在能讓愛犬安心沉穩的場所。

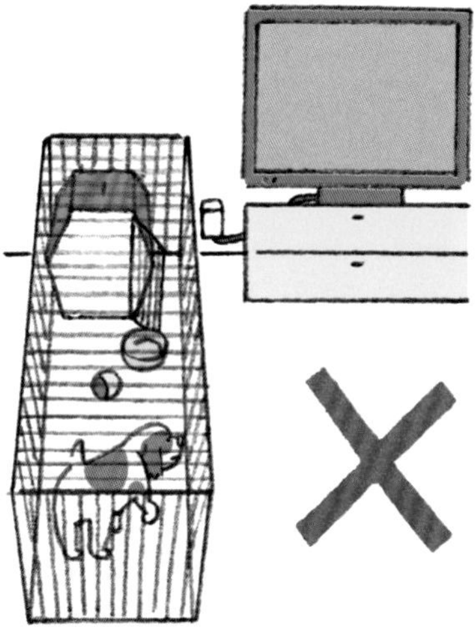

1 不要放置在旁邊有電器的地方

不要將圍欄設置在電腦或電視旁邊、室外機內側等會發出電磁波的物品附近。狗狗的感覺器官遠優於人類，即便是人感覺不到的東西，牠也能敏銳地感受到。

MEMO

確實做好夏天的抗暑對策和冬天的防寒對策

除了盛夏晴朗的日子之外，冬天裡的晴天，室溫也會上升。室溫大致以20℃～23℃為標準，視愛犬的情況來進行調整。當然，體感溫度會依狗狗而有個體差異，所以請仔細觀察愛犬有沒有太熱或是太冷的樣子。

2 遮斷外界的刺激

將圍欄設置在窗邊，外面各式各樣的刺激都會進入狗狗的視界中。飼主不在家又閒閒沒事做的話，愛犬可能會對經過窗外的人或其他狗狗威嚇吠叫。請將圍欄設置在遠離窗戶的地方，或是在窗戶貼上遮蔽窗貼、拉上窗簾等，遮斷來自外面的聲音和景象。

讓愛犬乖乖看家的要領

在此介紹讓狗狗乖乖看家的要領。

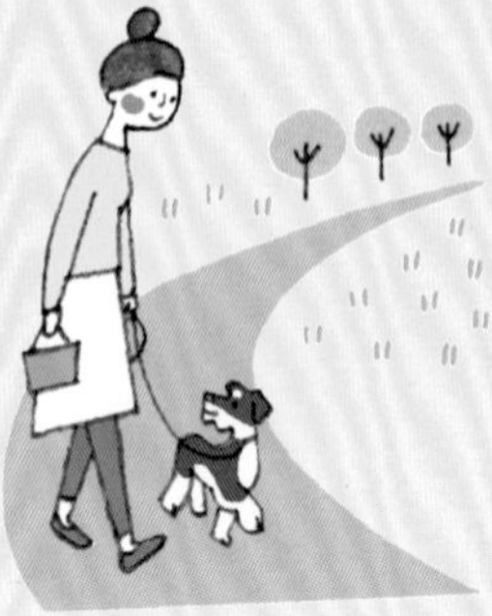

散步讓牠發洩體力

充分散步可以消耗體力，狗狗大多會累到睡著，在牠睡覺期間飼主就可以出門，狗狗也不會感到不安或無聊。

出門前讓牠玩耍

也推薦在出門之前，以狗狗喜歡的遊戲讓牠玩個夠。如此一來，狗狗應該會累到進入休息模式，飼主就可以趁牠精疲力盡的時候出門。

出門時要乾脆

誇大讓狗狗獨自看家前後的招呼，反而會助長牠的寂寞感。請在狗狗渾然忘我地玩玩具時，若無其事地外出吧！另外，回家的時候也不要馬上衝到狗狗身邊，淡然地用一般的態度來對待牠吧！

不要將外出當作特別的事

在出門前後，異於平常地對狗狗表現熱絡的話，狗狗就會把獨自看家當作是特別的事。還有，狗狗一旦記住飼主拿皮包、拿鑰匙等出門時的習慣，光是這些動作就會煽動幼犬的不安。請避免將出門時的行動模式化，若無其事地將外出納入日常生活中吧！

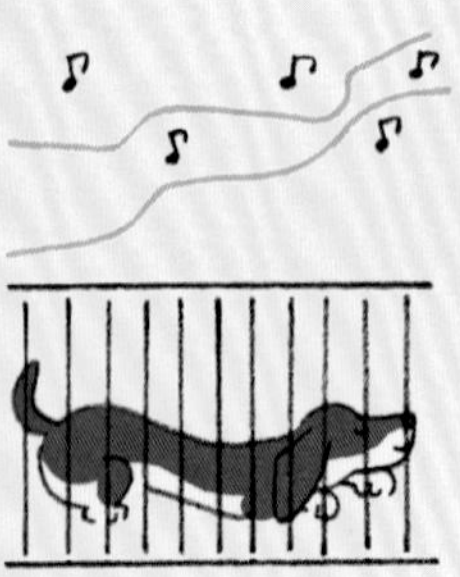

放音樂

安靜的環境會助長寂寞感，因此不妨播放沉靜的音樂。這樣可以呈現出彷彿飼主在家的氣氛，讓狗狗穩定下來。重點在於，不要讓狗狗意識到那是獨自看家的音樂，飼主平日在家時就要播放該音樂。

〈不同難易度的益智玩具填裝方法〉

容易掉出來的種類

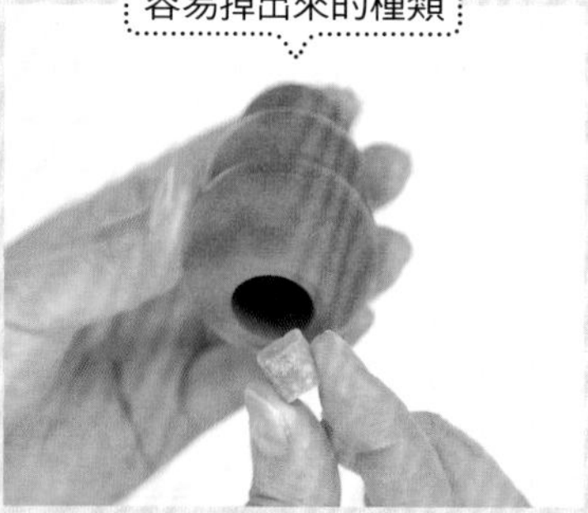

裝填只要讓益智玩具滾動就會輕易掉出來的食物，例如小饅頭或去除稜角的零食等。

只要努力就會掉出來的種類

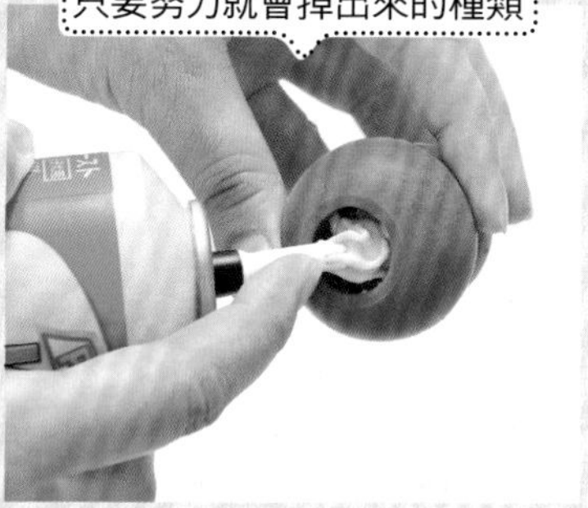

將小饅頭或雞胸肉等切成小塊後裝入，最後再用糊狀的零食封蓋。

很難掉出來的種類

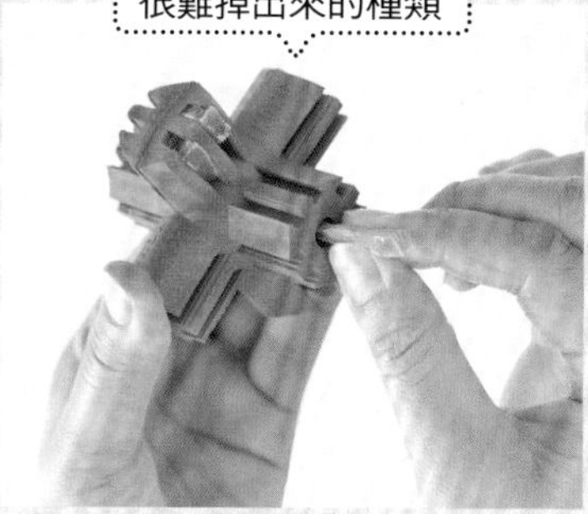

利用益智玩具上的淺溝及深溝，在溝中填裝雞胸肉或肉乾等。

\ 獨自看家時很方便！ /

益智玩具

益智玩具是可以塞入食物或零食的玩具。有各種不同的形狀，若能活用這種玩具，狗狗也能快樂地度過獨處的時間。

基本的遊戲方法

1 塞入零食

在狗狗面前將零食塞入益智玩具的隙縫中。

2 在狗狗眼前滾動

在狗狗眼前滾動，讓零食從益智玩具的隙縫中掉出來。

社會化

加以練習讓狗狗習慣聽不慣的生活噪音

在幼犬時期就要讓牠習慣各種不同的事物

狗狗的社會化，是指讓狗狗習慣人類社會形形色色的刺激，讓牠學習到那些並不是可怕的東西。確實地完成社會化的狗狗，在任何時候都能夠不過度反應地表現沉穩。

在家裡，有很多幼犬沒有看慣的東西或是聽慣的聲音。尤其是狗狗的聽力非常優異，所以對聲音會敏感地做出反應。在能夠順利適應各種事物的幼犬時期讓牠習慣，日後也能預防亂吠等令人困擾的行為。

基本

讓狗狗習慣生活噪音的3個重點

依據這3個重點，讓愛犬習慣生活噪音吧！

1 將聲音做為有好事發生的暗號

門鈴或是電話鈴聲等，當有某種聲音響起時，如果愛犬能保持安靜，就立刻給牠食物，反覆地進行。做出「聲音→發生好事」的附加條件。

2 逐步讓牠接受

吸塵器等一開動就會發出大聲響的東西，要領是要先從靜止的狀態讓牠習慣。如果狗狗顯得不在意機器的動作，就從遠處發出聲音，讓牠習慣聲音後，再慢慢地接近狗狗。

3 反覆進行訓練

如①般有效地使用獎勵品做為附加條件，反覆進行訓練，讓牠慢慢習慣。不要因為成功了一次就立刻停止，要領是要持續進行一段時間，讓牠從害怕的印象轉變成好的印象。

注意！

一旦會對害怕的事物吠叫，要讓牠習慣就會變得困難

萬一對門鈴聲吠叫已經成為習慣了，想做修正是非常困難的事。因為對狗狗來說，門鈴聲已經變成了「入侵者進來的前兆」，因此必須要讓牠忘記這個前兆才行。如此一來，只能更換門鈴的聲音。之後，就和教導幼犬時一樣，反覆進行「門鈴聲＝發生好事」的訓練。所以說，在幼犬時期就採取必要對策是非常重要的。

馴犬師的建議

不同年齡

讓害怕生活噪音的成犬習慣的方法

對於害怕生活噪音的成犬，在進行讓牠習慣的練習時，如果沒有吠叫，可以用和幼犬相同的練習方法，慢慢讓牠習慣。如果會吠叫的話，請參考「PART5 愛犬常見的『困擾行為』解決法」中的「吠叫」（▶146頁）項目。

check!

檢查狗狗容易反應的生活噪音

☐ **吹風機**
不但會發出巨大的聲音，還會有風出來，狗狗當然會害怕。

☐ **吸塵器**
會一邊發出大音量地到處移動，大多數的狗狗都會感到害怕或是亢奮。

☐ **外面傳來的聲音**
對於兒童或車子、其他狗狗的聲音等各種聲音好像也都有反應。

☐ **電話的聲音**
對於沒有前兆就響起的電話鈴聲會感到驚嚇。

☐ **微波爐**
似乎也有不少狗狗會被突然發出聲音的微波爐嚇到。

☐ **對講機**
聲音響起後，對於慌忙跑動的飼主模樣感到害怕或是興奮的狗狗似乎也不少。

吸塵器

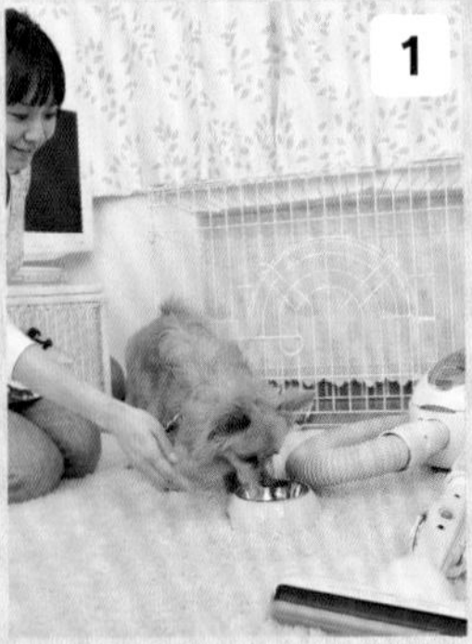

讓牠在旁邊進食

將吸塵器放在附近，給愛犬食物。讓牠認知在吸塵器附近就會發生好事，並習慣吸塵器的外觀。如果沒有吠叫或害怕的樣子，就前進到步驟 2 。

讓牠習慣動作

給愛犬益智玩具，試著不發出聲音地移動吸塵器。反覆進行，讓狗狗習慣。如果移動時會吠叫的話，就再次回到步驟 1 ，重新練習。

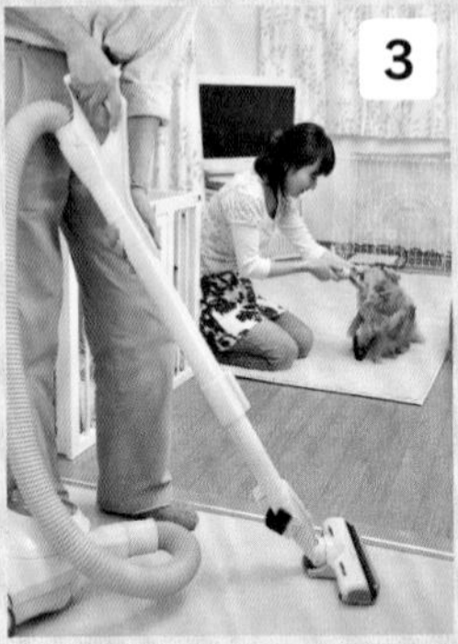

從遠處啟動

如果移動仍能保持沉穩的話，就請一人從遠處啟動吸塵器，另一個人則在狗狗身邊給牠益智玩具或零食。在愛犬變得完全不在意之前，可以將牠移動到其他房間，避免在近處啟動機器。

門鈴聲

不慌張

門鈴響起後，不要手忙腳亂、慌慌張張的，要先好好地稱讚正在發愣的狗狗「好乖」。

稱讚後再放牠出來

稱讚後，不慌不忙地放牠出來，招呼客人。反覆進行 1 、 2 ，教導牠「門鈴聲＝有好事發生」。

MEMO

如果對聲音有反應而吠叫的話

如果愛犬會對門鈴聲有反應而吠叫的話，試著改變門鈴聲也是一個方法。請改成旋律音之類，改好後，在愛犬開始對該聲音吠叫前，就要反覆進行「門鈴聲響起＝稱讚（獎勵品）」，讓牠對新聲音有好印象。

微波爐

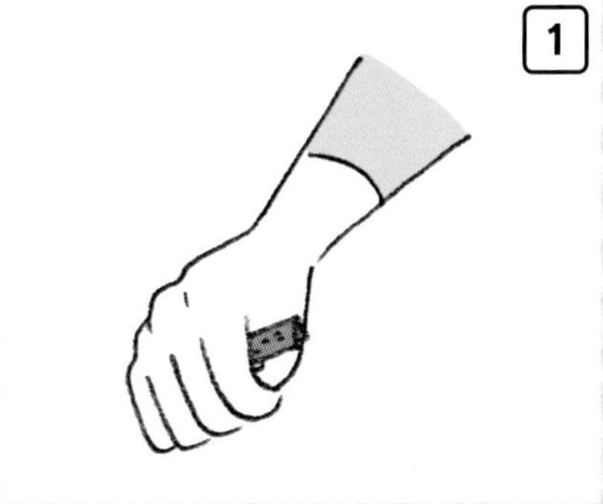

準備零食

在使用微波爐時，準備好差不多能夠舔食的零食分量。

給牠零食，等待聲音響起

一邊抱著讓牠舔零食，一邊讓牠從遠處看著微波爐，等待聲音響起。讓聲音在愛犬吃零食吃得正高興時響起。

MEMO

如果會對外面傳來的聲音吠叫

可以關上窗簾或木板套窗等，遮蔽視界，或是在愛犬的可視範圍內，將窗戶貼上遮蔽窗貼等，讓牠看不到外面。也可以更進一步地關上窗戶或是播放音樂，讓牠聽不到外面的聲音。

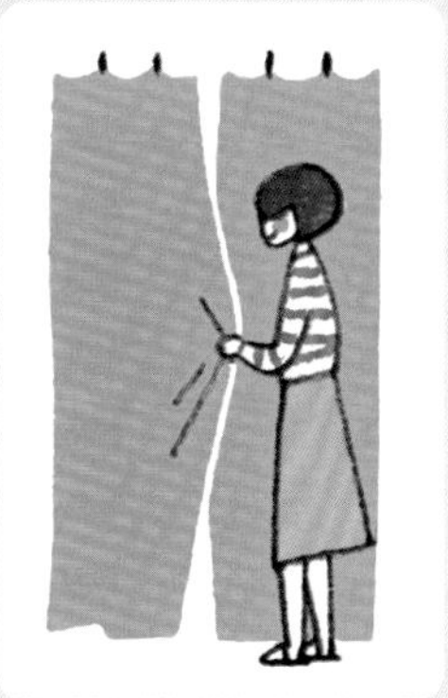

電話

讓電話鈴聲響起，使其習慣

當愛犬正在吃零食時，用手機撥打室內電話，響起電話鈴聲，讓愛犬習慣。如果對聲音好像有反應，就調降音量，再慢慢回復到平常的音量。

吹風機

給牠益智玩具後，啟動吹風機

在進入圍欄的狀態下給牠益智玩具，從遠處啟動吹風機。讓牠看見吹風機的動作，待習慣後，逐漸縮短距離，直到在近處也能使用吹風機。

加以練習讓狗狗習慣戶外的刺激

趁早抱牠出去散步

要讓幼犬社會化，讓牠習慣車子或電車、陌生人等戶外的刺激是非常重要的。如果沒有讓牠充分習慣，就容易發生因為恐懼而咬人、對各種刺激聲音吠叫等等令人困擾的行為。不但飼主會感到頭痛，狗狗本身也會有壓力。

免疫力還不足的幼犬很容易罹患傳染病，所以在疫苗接種時程※完成之前，飼主要用懷抱的方式帶牠到外面去，趁早讓牠看看外面的世界。

check!

檢查會讓狗狗受到驚嚇的戶外刺激！

□ 旗子
被風吹得啪啪作響、自然擺動的樣子，會讓狗狗產生恐懼。

□ 工廠或施工的聲音
工廠斷斷續續的聲音或工地傳來的噪音，對人類來說也是壓力。

□ 車子的聲音
行駛的聲音、喇叭聲等，車子的外觀和動作也會讓狗狗感到害怕。

□ 人群
商店街等來來往往的人群、行進中的腳踏車、吵雜的聲音等，全都具有刺激性。

□ 其他狗狗
尤其是幼犬時期，如果對方是成犬或大型犬，恐懼感會倍增。

□ 電車的聲音
疾駛而過的聲音、平交道的聲音，或是大型物體通過的樣子都相當恐怖。

注意！

抱著散步也需要戴上項圈和牽繩！

雖說是抱著散步，但是在戶外會發生什麼狀況誰也不知道。項圈和牽繩一定要配戴好，並且要握緊牽繩。

此外，和小朋友一起抱著散步時，幼犬一定要由父母親來抱。因為如果讓小朋友來抱，萬一受到什麼驚嚇而放開幼犬，或是遇上了什麼麻煩時，小朋友可能會無法妥善處理。

※疫苗接種時程要在出生後3個月內完成，但也可能依該狗狗的身體狀況等而異。請詢問獸醫師，擬定好計畫後，遵循醫師的指示來進行。

基本

讓牠習慣外在刺激的3個重點

外在刺激也一樣，重點在於讓狗狗慢慢習慣。

1 在疫苗接種時程完成前要用抱的

一般認為，在疫苗接種時程完成之前的出生後3個月內，是最適合社會化的時期。就算尚未完成疫苗接種，讓牠接觸外在環境依然非常重要。因為還沒有完成接種，所以請抱著散步讓牠接觸外面的世界，慢慢提高對外在刺激的適應力。

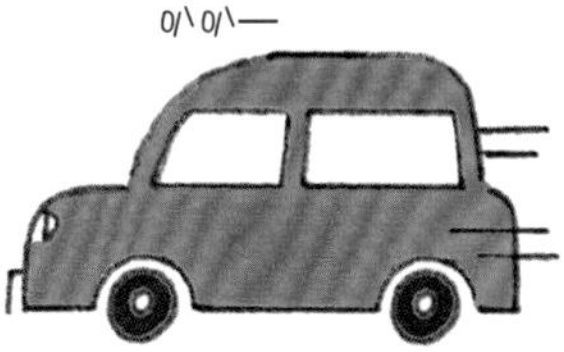

2 配合幼犬的性格進行社會化

狗狗原本的性格也會影響習慣刺激的速度。不勉強、不焦急，配合狗狗的個性來進行社會化吧！過了幼犬時期後，雖然也能接受新的事物，卻會花費較多的時間，但也並不代表就無法社會化了。就算已經過了幼犬時期，還是持續進行吧！

3 用眼神接觸來管理狗狗的視線

就算是人司空見慣的事物，但對於初次看到的幼犬來說，或許在牠眼中卻是非常可怕的東西。剛開始時，要避開刺激好像比較強的場所，待訓練有進展後，就呼喚狗狗的名字，進行看向飼主的眼神接觸（▶88頁），管理狗狗的視線。

HOW TO
讓狗狗習慣戶外聲音的方法

！覺得可怕的距離會依狗狗而異。請觀察愛犬的樣子來調整距離吧！

電車的聲音

從遠處讓牠聽聲音

給牠零食，一邊以懷抱的狀態從遠處讓牠聽電車經過的聲音，或是讓牠看看實物。待習慣後，再移動到更近一點可以看見的地方，進行同樣的訓練。逐漸讓牠習慣。

車子的聲音

抱著讓狗狗遠遠地聽見

以懷抱的狀態，走到車子會經過的地方附近。最初僅一邊給予零食一邊讓牠聽聲音，等到愛犬不害怕之後，再更靠近地讓牠聽聲音。待習慣後，就讓牠實際看看車子行駛的情況。

旗子

從不害怕的距離讓牠習慣

旗子被風吹得啪啪作響自然飄動的樣子，對狗狗來說是很可怕的。即使是從遠處看，還是要拉開到狗狗不會害怕的距離，以懷抱的狀態給予零食，讓牠習慣。如果愛犬表現鎮靜，再試著慢慢靠近。

工廠或施工的聲音

從稍遠處讓牠聽見

工廠或工地的音量遠遠超乎想像。如果散步的路線上有工廠或是施工現場，請讓狗狗習慣。先在稍遠處給牠零食，一邊讓牠聽聲音；如果沒有問題的話，就抱著牠，試著慢慢走近。

注意！

逐漸讓牠習慣各種類型的人

幼犬如果已經習慣被家人撫摸，不妨邀請朋友或鄰居到家中來，請他們撫摸幼犬。這個時候，飼主和對象人士都保持沉穩是很重要的。在家人抱著的狀態下，請對象人士給予零食；若是愛犬顯出無所謂的樣子，就請對方撫摸背部等。如果是膽小的狗狗，就從讓牠習慣與他人處在相同空間開始。如果愛犬主動走近對象人士，飼主就要稱讚牠，讓牠慢慢習慣接近對方。

讓小朋友練習時，要教導正確的做法

如果小朋友說想要訓練或教養狗狗，一定要教他正確的做法，確保做得到才能讓他進行。如果用錯誤的方法教導，狗狗會產生混亂，所以一定要在旁邊觀察情況。

MEMO

和其他狗狗一起玩時

如果疫苗接種完成、可以散步了，就先試著讓牠和友善、不會突然興奮起來的同月齡左右的幼犬，或是溫和且教養過的成犬碰面。此時一定要獲得對方飼主的理解，並且為了預防糾紛，彼此都要配戴牽繩，牢牢握住，逐漸讓牠們接近。

人群

以懷抱的狀態通過

走到商店街等有行人往來的場所，以抱著狗狗的狀態，試著一邊給予零食一邊通過。如果愛犬顯出害怕的樣子，就從行人少一點的地方開始，像這樣逐步地讓牠習慣。

其他狗狗

從遠處看其他的狗狗

以懷抱狀態走到公園或狗狗運動場等，讓愛犬從遠處看其他的狗狗。如果能夠冷靜，就給牠獎勵品，稱讚牠。等到真正能夠散步後，再讓牠們面對面，為愛犬製造遊戲的機會。

遊戲

以快樂的遊戲方法滿足狗狗的運動需求

和狗狗充分地進行遊戲是極為重要的

幼犬非常愛玩。這個需求如果沒有被滿足，牠就會咬著人玩，或是啃咬屋內的東西等，以自己的方式來玩，好發洩精力。不過，這些行為對飼主來說卻非常困擾。平常如果能充分地跟牠玩，這些行為就能預防。由於狗狗有與生俱來的狩獵本能，所以非常喜歡追逐移動物體的遊戲。另外，用繩子拔河等的遊戲屬於全身運動，所以也可以做為發洩狗狗精力的快樂遊戲。

基本

高明地玩遊戲的要領

掌握和幼犬玩遊戲的要領，跟狗狗玩個夠吧！

讓玩具像生物般地動來動去

狗狗有追逐移動物體的本能，所以要讓玩具像小動物般地移動，來刺激幼犬的本能。不過，誘導的時候請注意不要被牠搶走了。玩具若被搶走，主導權就會掌握在狗狗身上。

教導牠「給我」

當愛犬鬆口放下玩具時，出聲說「給我」。反覆進行，教導牠放下啣咬物的指令，也可以迴避危險。

主導權要由飼主掌握

遊戲的時候，請避免讓幼犬掌握主導權。任何時候，都必須教牠注意飼主，遵從指令。玩遊戲時也要由飼主發起，如果是愛犬來找你玩，請假裝不知道。遊戲結束的時機要在玩得還不夠盡興的時候，由飼主喊停。不要玩到狗狗膩了才停止，這樣下次玩的時候，狗狗才會很高興。正因為主導權掌握在飼主手上，才能確保遊戲的快樂和安全。

HOW TO

室內・戶外的遊戲方法（拿過來～拔河遊戲）

1

為愛犬配戴牽繩。發出「坐下」（▶92頁）的指令，做眼神接觸（▶88頁）。

2

對牠說「OK」，一邊將玩具拋出去。

3

待幼犬啣住玩具後，出聲說「拿過來」，將牽繩拉近身邊。

4

用拿過來的玩具玩拔河遊戲。

5

將手固定在大腿上，停止動作。

6

在愛犬鬆口放下玩具的瞬間，發出「給我」的指令。如果愛犬玩不膩，可以將 1～6 重複玩個幾次。

7

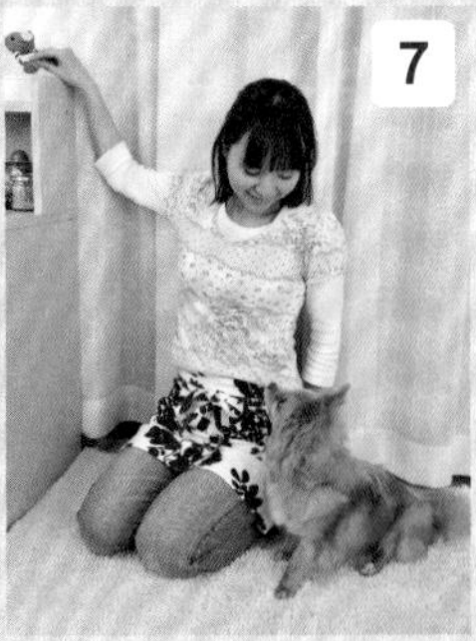

如果玩夠了，就把玩具收起來，結束。

MEMO

玩具要由飼主管理

遊戲的時候，玩具要由飼主準備；遊戲結束了，就收拾在愛犬無法碰觸的地方。由飼主管理狗狗最喜愛的玩具這件事，會讓愛犬漸漸理解「遊戲規則是由主人決定的」。

萬一狗狗不放開玩具時

愛犬不放開玩具時，請不要強行將玩具拿走。給牠看另一個玩具，在牠不知不覺鬆口的瞬間，和牠交換原本咬住的玩具，出聲說「給我」（▶187頁）。

散步

為安全快樂的外出散步做好準備

散步請一天進行2次

疫苗接種時程如果已經結束，就到了散步初登場的時候了。即使是小型犬，也要以一天2次、每次約30分鐘的散步為理想。剛開始時，可能會出現拉扯牽繩，或是坐下來不走等無法好好散步的情況。初次散步的日子，就讓牠好好習慣地面的感觸並體會樂趣吧！外面的世界有很多危險，從第一天開始就要做好控制，避免愛犬撿食等等，這也是飼主的重要任務。請進行訓練，安全又快樂地外出散步吧！

基本

散步時必須注意的事項

確認散步時必須注意的事項後再出門吧！

有撿食等危險的場所

賞花或廟會的地點、公園內的烤肉廣場等，地面上會有掉落的食物殘屑或裝食物的容器。如果有聞起來好像很好吃的東西，狗狗就會想要撿來吃。還有，幼犬的好奇心強，什麼東西都想放進嘴巴裡，所以不要讓牠接近有糞便的場所。

考慮讓狗狗如廁的地點

選擇不會對任何人造成麻煩的地方讓牠上廁所。注意不要讓牠在他人住家的入口附近或是電線桿等處大小便。上過廁所後，別忘了要處理乾淨。糞便要用衛生紙撿起來帶回家，丟入馬桶沖走；排尿或排便的地方要用水沖洗乾淨。

要極力避免夏天正中午的散步

夏季的白天，陽光和反射所造成的高溫超乎想像。用手摸摸陽光照射下的水泥地面，如果覺得燙手，就要停止散步。夏天的散步最好在涼爽的早晨或夜晚的時段進行。

冬天要注意寒冷

狗狗比較耐寒，所以冬天的寒冷可以不用太在意，不過幼犬或是被毛較薄且怕冷的犬種，就必須特別注意。讓狗狗穿上衣服等進行禦寒後，再去散步吧！

避免不特定多數狗狗聚集的場所

狗狗運動場或狗狗活動會場等，會有不特定多數的狗狗聚集。請注意參加的狗狗是否已接種過疫苗、現場是否有兇暴的狗狗後再加入吧！

HOW TO 正確的牽繩握法

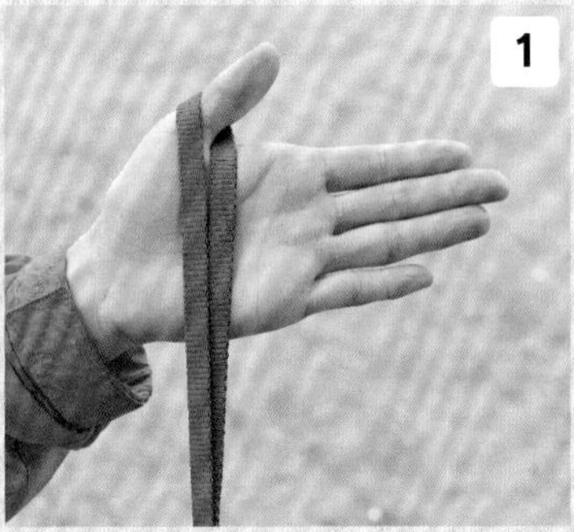

將牽繩的圈環掛在拇指上。

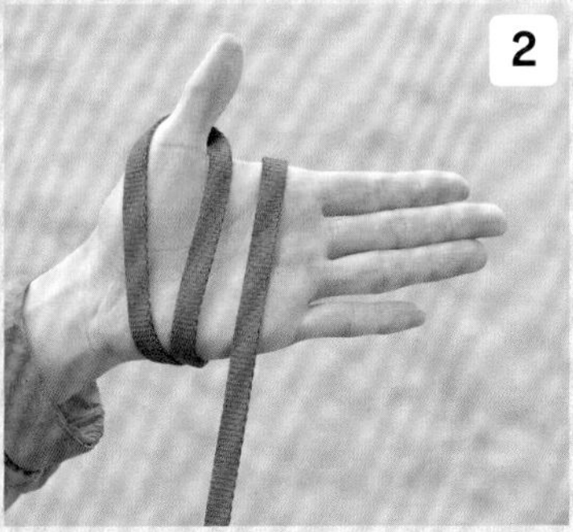

牽繩繞過手背，掛到前面來。

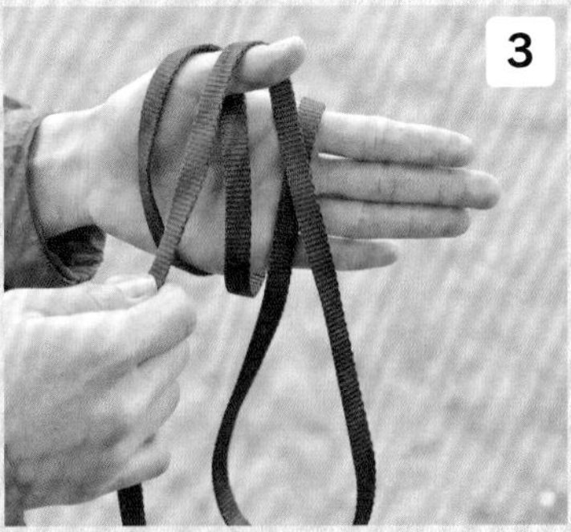

將拿到前面來的牽繩掛在拇指上。

以掛在拇指的狀態直接握緊牽繩。調整牽繩長度的方法請參照「決定好手握牽繩的位置」（▶82頁）。

MEMO

每天檢查牽繩是否綻開？

牽繩可能會因為劣化而綻開。在未察覺的情況下出去散步，可能會發生意外。每天都要用兩手拉拉看，檢查是否有綻開的地方。金屬零件的週邊尤其需要仔細檢查。

項圈要調到不會脫落的長度

項圈的鬆緊度大致上為伸入2根手指後有稍緊的感覺。戴上項圈後，將牽繩往前拉，確認一下是否會脫落。項圈也可能因為劣化而斷裂，必須注意。和牽繩一樣，要經常檢查是否有損壞。

check!

準備散步要攜帶的東西

散步時不知道會發生什麼情況，因此請將必需用品放入腰包裡，以備緊急時雙手都能使用。

- ☐水(沖洗用及飲用)
- ☐裝水容器
- ☐糞便袋(2～3個)
- ☐衛生紙
- ☐玩具
- ☐獎勵品
- ☐除臭劑

正確使用牽繩，預防散步時的困擾行為

先掌握牽繩的握法和使用方法

撿食或嗅聞氣味、拉扯牽繩等，散步時總是讓人傷腦筋。尤其是放長牽繩，讓愛犬自由行走的話，可能會在和其他狗狗錯身時纏住，或是變得容易撲奔過去，所以請掌握正確的牽繩握法。另外，預先學會如何以牽繩來控制愛犬，避免其擅自行動，也會比較安心。

如果能做到在「跟隨」（▼112頁）指令下和飼主並行，就能預防牽繩的拉扯，因此也能安全又順利地散步。

基本

牽繩的使用方法

如果能夠正確使用牽繩，就能預防困擾行為。

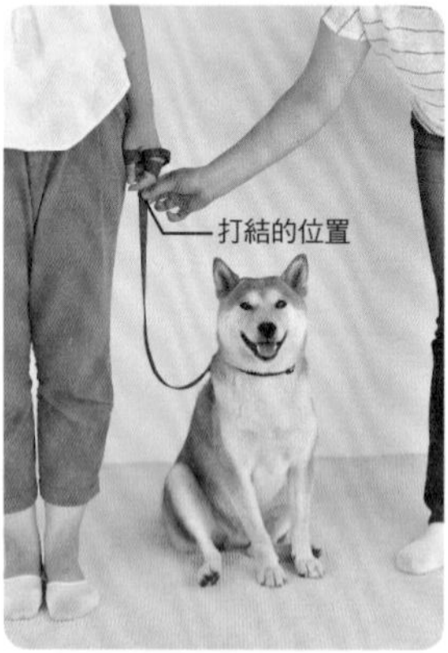

決定好手握牽繩的位置

牽繩要以容易控制狗狗，而且不會使其感到難過的最少長度握住。請在手持位置打個結，做為記號。

打結的方法

為愛犬配戴牽繩，在跟隨的位置（▶112頁）並立，以正確的牽繩握法（▶81頁）握住牽繩。手握牽繩的人以立正姿勢站立，讓牽繩以描繪出J字型的長度鬆垂，在照片中的手持位置處打結。

控制狗狗動作的方法

愛犬如果拉扯牽繩，就用左手握住牽繩的結，往上提到肚臍的位置，同時用右手抓住左手下方處的牽繩，這樣就可以控制愛犬的動作。在預防暴走、飛撲、撿食上非常有效。

注意到行人就避開通過

改變方向

發現前面有行人，就改變方向到沒有人的另一側。

到對側去

先確認對側路上有沒有人。如果沒有人，在確認沒有車子過來後，就走到對側去。

順利擦身而過就要稱讚牠

叫牠的名字，出聲稱讚牠。

如果拉扯牽繩，就停止動作

控制狗狗的動作

如果愛犬拉扯牽繩，想要撿食或是想要嗅聞氣味，就握住牽繩的結，固定在肚臍的位置。

MEMO

如果狗狗不喜歡散步

狗狗不喜歡散步，可能是因為不習慣，或是以前散步時發生過讓牠害怕的事。不過，就算不喜歡散步，散步對狗狗來說還是必要的，請讓牠慢慢習慣。住宅街有小孩子的吵鬧聲和機車的聲音等，出乎意料地有很多會對狗狗造成刺激的事物。剛開始時，請用提袋等帶牠去視野良好的河川地或空曠的公園，試著在短時間讓牠走動。只要一走動就稱讚牠，讓狗狗認為「一走路就有好事情」。然後在該處吃吃東西或是玩玩具，做一些牠歡喜的事。讓牠累積「到外面去很快樂！走路就會有好事情」的經驗，漸漸讓牠習慣。

在可以嗅聞氣味的場所發出許可指示

進行眼神接觸

叫牠的名字後互看，進行眼神接觸。

發出「OK」的指令

眼神接觸後，發出「OK」的指令。握住牽繩，以免狗狗暴走。

不想讓牠嗅聞氣味的場所要指示「跟隨」

「坐下」之後進行眼神接觸

讓牠「坐下」（▶92頁）後，叫牠的名字，進行眼神接觸（▶88頁）。

發出「跟隨」的指令

發出「跟隨」的指令（▶112頁），通過不想讓牠嗅聞氣味的地方。

做到了就獎勵牠

在「跟隨」指令下順利通過，就要給牠獎勵品並稱讚牠。

PART 3

快樂練習，
邁向成功！

對生活有幫助的訓練

在此介紹的是為了迴避突然發生的意外和糾紛，或是預防困擾行為所必要的基本訓練。只要使用獎勵品快樂地進行練習，不管狗狗幾歲都能學得會。

基礎訓練

訓練時必要的基本指示法

用誘導法來試試看

要和愛犬安全又舒適地一起生活，熟習眼神接觸和坐下等是不可或缺的。因為在緊急時刻如果愛犬能遵從指令，就可以避免危險和糾紛。

在開始各種訓練之前，先來練習發出指令最基本的「誘導法」。誘導法是指用一隻手握著零食，讓狗狗集中注意力，以控制狗狗的動作。只要學會這個方法，就不會有強迫學習的情形發生，能自然引導出你希望牠做的行動。

進行誘導法的方法

讓牠嗅聞氣味後移動手

反覆教導愛犬，只要跟隨飼主放在牠鼻頭處的手，就可以獲得獎勵品。將零食握在手中，掌心朝上，靠到愛犬的鼻頭處。不要說話，將手移往你想引導愛犬的方向。如果狗狗擺出飼主期望的姿勢，就給牠獎勵品，稱讚牠。

point 1

零食的握法

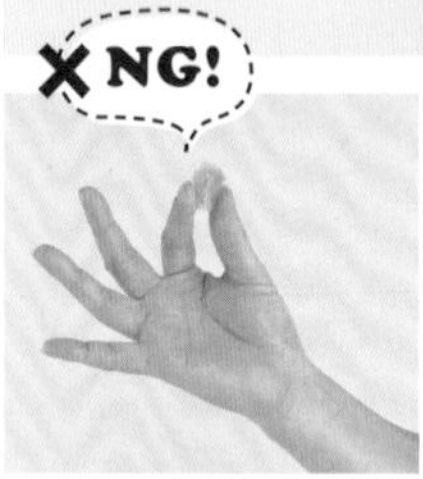

讓狗狗看見零食

讓狗狗看見零食，可能會連同手指一起被咬。還有，將來如果狗狗沒看到零食，可能會出現不遵從指令的情形。

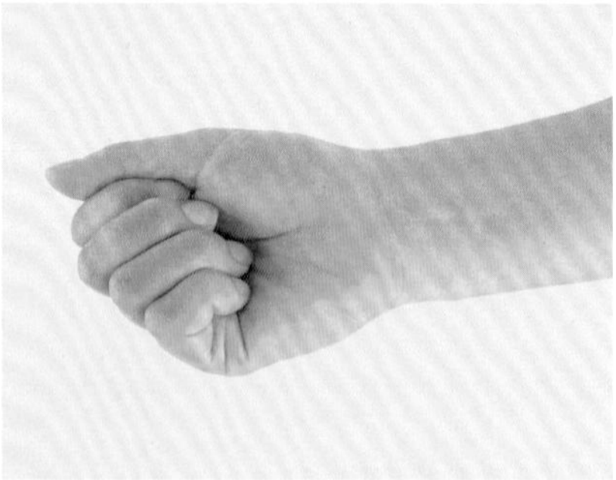

握住零食

將獎勵品放在手上，緊緊握住，讓愛犬不知道裡面是否有零食。握好的手掌面朝上，進行誘導。

point 2

讓狗狗集中注意力的方法

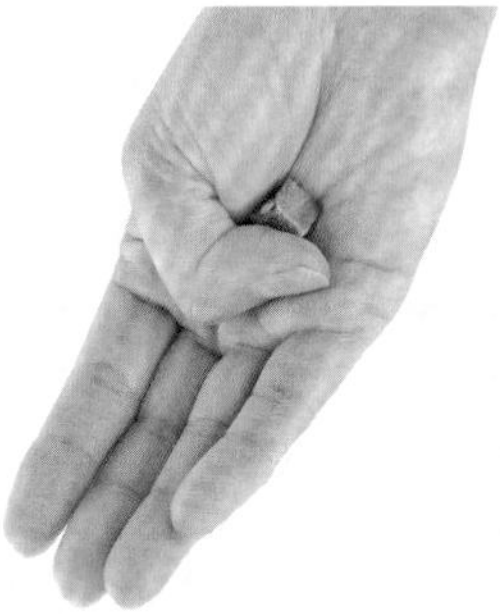

1 準備零食

拿愛犬最喜歡的零食做為獎勵品，準備極少量。如照片般用拇指按著，以免零食從手中掉落。

2 讓牠嗅聞味道後移動

握著獎勵品，手掌面朝上，帶到愛犬的鼻頭處。如果愛犬嗅聞味道、集中注意力的話，就可以開始進行眼神接觸等訓練。

point 3

讓狗狗嗅聞氣味的方法

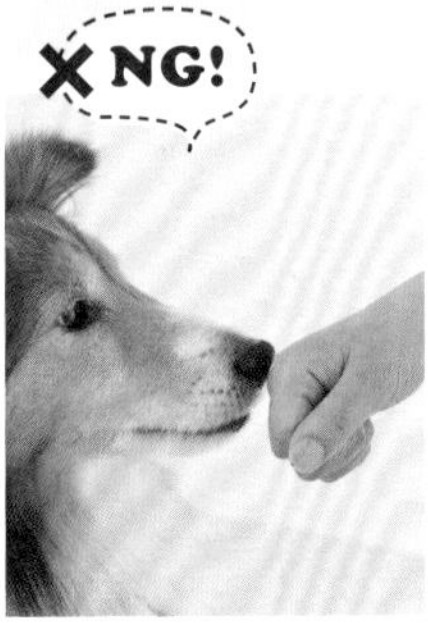

伸出手背

請不要手背朝上地往狗狗的鼻子伸出。這樣狗狗無法嗅聞到味道。

手的位置配合狗狗的鼻子高度。在訓練的初期階段，如果是小型犬，要採半蹲或是立膝姿勢來讓牠嗅聞。

如果是中・大型犬，要將上半身向前彎，注意不要覆身在狗狗上方，手的位置要配合狗狗的鼻子高度。

基礎訓練

1

眼神接觸

眼神接觸，也就是和狗狗四目相對。目標是，只要飼主叫喚愛犬的名字，任何時候愛犬都能像要詢問「什麼事？」般地主動看向飼主。

狗狗看著飼主，是信賴的證明

愛犬如果能做眼神接觸，就能夠迴避令人困擾的行動，對飼主來說是好事情。而且，狗狗看著飼主，是信賴飼主的證明。如果愛犬能夠集中注意力在飼主的指令或行動上，飼主也比較容易在各種場面加以控制。

學會做眼神接觸有什麼好處？

由於注意力會集中在飼主身上，所以狗狗可以戰勝誘惑，或是預防害怕逃走的情況發生。另外，如果能藉由眼神接觸來引開視線，也能夠迴避危險。

進行誘導

和愛犬面對面，採立膝姿勢，手握牽繩。另一隻握著零食的手靠近愛犬的鼻頭，吸引牠的興趣。

point

用拇指按住零食

將零食放在手掌上，如照片般用拇指按住握著。

將手移到下巴之下

待愛犬專心在手上後，把原先靠近鼻頭的手慢慢移動到自己的下巴下方。另外，這時如果為了和愛犬互看而覆身在愛犬上方，會讓愛犬有壓迫感，所以請挺起上半身，伸直背部。

point

一定要在下巴的位置

為了讓愛犬充分看到誘導的手，請把手拿到下巴的位置。

要在什麼狀況下使用？

在愛犬對其他狗狗吠叫前，或是將要飛撲過去之前等，只要藉由眼神接觸來引開視線，就能加以預防。只要在餵食前或是給予獎勵品前等，對愛犬而言的好事發生之前使用眼神接觸，很容易就能學會。

- 餵食前
- 給予玩具前
- 在路上和其他狗狗或人擦身而過時
- 讓牠和感情好的狗狗打招呼前或是讓牠遊戲前
- 讓牠和訪客打招呼前

好乖！

3
圓圓！

視線相對後叫喚名字

和愛犬視線相對後，叫牠的名字。如果視線沒有對到，就再一次從1重新做起。

point

不要一直叫狗狗的名字

只在和愛犬眼神交會的瞬間叫牠的名字。反覆這樣做，愛犬就會理解「只要看著叫我名字的人的眼睛就好了」。眼神沒有交會卻一再叫牠的名字，愛犬會產生混亂，不容易學會，必須注意。

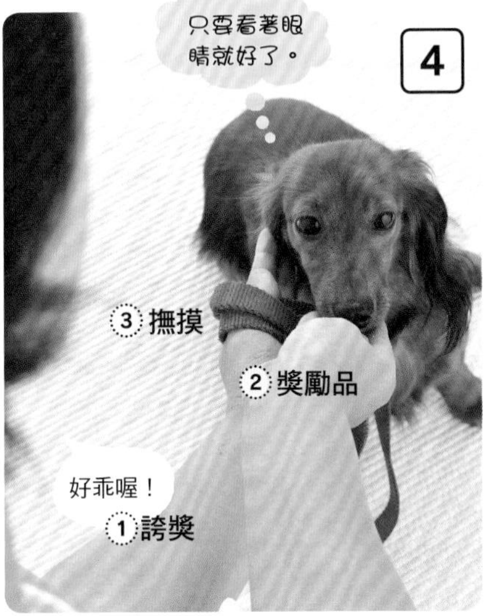
只要看著眼睛就好了。
4
③撫摸
②獎勵品
好乖喔！
①誇獎

誇獎並給牠獎勵品，加以撫摸

視線相對並叫喚名字後，就要誇獎牠。對牠說「好乖」，並給予握著的零食，加以撫摸。請好好地稱讚牠。

point

給牠有好事發生的印象

有效使用「誇獎」、「獎勵品」和「撫摸」這3個獎勵（▶22頁），就能讓愛犬產生「看著飼主就有好事發生」的印象。

眼神接觸的這個時候該怎麼辦？Q&A

◆記號的讀法　相關的主要犬種類型

小　小型犬
中　中型犬
大　大型犬
全　全犬種

無法順利進行眼神接觸的案例有各種情況。在此解說容易發生的問題點和修正的方法。

大　Q 教導大型犬時，必須注意的事項是？

誘導的手需配合狗狗的鼻頭高度

面對小型犬，要以立膝的姿勢進行，以便和狗狗互看。如果是大型犬，就可以保持站立的姿勢。將握著零食的手對準大型犬的鼻頭處。太高會造成狗狗飛撲，太低則會讓狗狗不易嗅聞氣味。

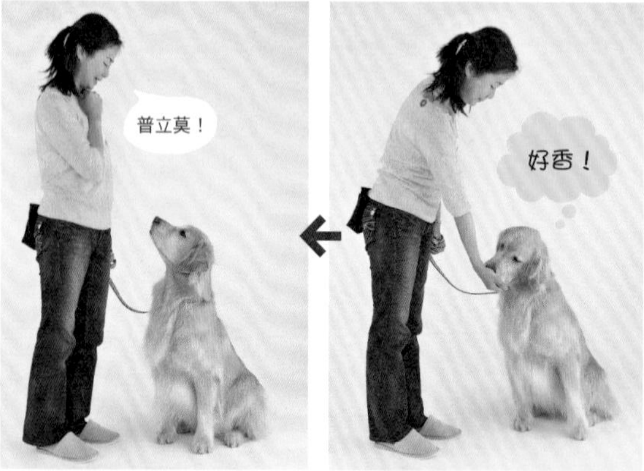

讓愛犬充分嗅聞握著零食的手的味道。嗅聞好後，以不覆身在愛犬上方的直立姿勢，將誘導的手拿到下巴的位置，視線接觸後就叫牠的名字。

全　Q 愛犬會立刻把眼睛轉開。

或許是環境造成無法集中注意力

可能是被其他事物吸引了目光，或是看丟了誘導的手。在安靜、周圍沒有吸引牠事物的場所，就能讓狗狗的視線集中，而且誘導的手要慢慢地移動。

全

正想誇獎牠就飛撲過來了。

Q

可能是給予獎勵品時，手的位置太高了

給予獎勵品時的手部位置太高，或是狗狗等不及想吃零食時，就會飛撲過來。只要將手的高度改變到適當的位置，就可以解決飛撲的問題。不管狗狗是站著還是坐著，都要把手拿到狗狗不需飛撲的嘴巴高度。適當的高度會依小型犬、中型犬、大型犬等各犬種的大小而有不同，所以要領就是將誘導的手拿到適合狗狗的高度。

小

給予獎勵品時的位置太高，所以愛犬就飛撲過來了。手要放低到愛犬坐下時的嘴巴高度。

中 大

手立刻放低到愛犬嘴巴的高度給予獎勵品。高度會依每隻狗狗而異，請加以配合。

全

只給牠嗅聞味道牠就想要咬過來。

Q

對食物執著的狗狗，要握短牽繩來練習

這是對零食執著的狗狗常見的行為。請握短牽繩，制止狗狗為了取得零食而往前衝的動作，一邊進行誘導。降低零食的等級也有效果。

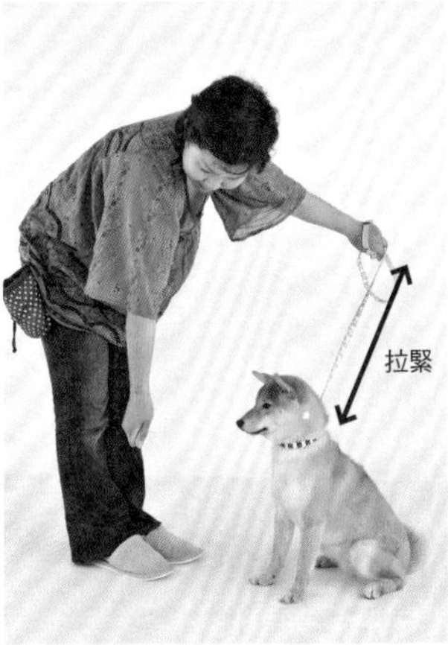

將牽繩稍微放鬆，如果愛犬往前衝，就在牽繩會繃緊的位置握好。如果愛犬放棄零食而看向飼主，就叫牠的名字。

基礎訓練 2

坐下

坐下，是指狗狗的屁股貼附在地面的狀態。是所有教養訓練基本中的基本。可以讓狗狗沉穩下來，變得容易控制。

坐下是讓狗狗恢復沉穩的姿勢

屁股一著地，狗狗的動作就會停止，因此能夠恢復冷靜。有時看起來好像是坐下了，其實屁股還是浮起來的，這樣並無法說是真正的坐下。想要讓愛犬採取沉穩的姿勢，請加以訓練讓牠的屁股可以確實地貼附在地面上吧！

學會坐下有什麼好處？

坐下是基本姿勢。如果能學會坐下，因為屁股貼附在地面上，可以讓狗狗變得不容易興奮，所以能夠避免飛撲或是暴衝等不希望牠採取的行動。

讓狗狗專注在右手，開始誘導

和愛犬面對面，手持牽繩。給牠嗅聞另一隻握著零食的手的味道，讓愛犬集中注意力後，開始誘導。

point

用味道充分引起牠的興趣

讓愛犬充分嗅聞握著零食的手的味道，讓牠對誘導的手抱持興趣。

將手移動到狗狗的頭上

被氣味引誘的愛犬會用眼睛追隨握著零食的手的動作，自然形成坐下的姿勢。這個時候出聲說「坐下」。

point

在坐下的瞬間發出指令

在愛犬坐下的瞬間發出指令，使其學會這句話和動作的關連性。

要在什麼狀況下使用？

使用在想讓狗狗冷靜下來時。從狗屋裡放出來時或是要走出大門時等等，當愛犬快要興奮起來時，就發出坐下的指令。不希望牠走動的時候也有效。

- 要帶狗狗走出大門時
- 從狗屋放出來前
- 發現其他狗狗而變得興奮前

誇獎並給予獎勵品

對已經坐下的愛犬一邊誇獎一邊給牠握著的零食，然後加以撫摸。讓愛犬學習到，這個姿勢就是坐下。

point

讓牠產生坐下就有好事發生的印象

有效使用「誇獎」、「獎勵品」、「撫摸」這3個獎勵（▶22頁），就能讓愛犬產生「坐下就有好事發生」的印象。

發出「OK」的指令

發出「OK」的指令，解除坐下的姿勢。

point

教導解除的指令

給牠獎勵後，對牠說「OK」之類可以自由行動的話來解放牠。剛開始的時候，只出聲指示，狗狗可能會茫然無措。這時，只要飼主在發出「OK」的指令後活動起來，狗狗也會跟著動起來。

坐下的 這個時候該怎麼辦？Q&A

記號的讀法　相關的主要犬種類型

小 小型犬　中 中型犬　大 大型犬　全 全犬種

坐下是很方便的教養。
在此解說在教導坐下時，
容易發生的問題點和修正的方法。

大 教導大型犬時，必須注意的事項是？

誘導的手 過高或過低都不行

讓狗狗嗅聞味道的手部位置太高，狗狗就會想站起來；太低則狗狗又會變成趴下的姿勢。只要藉由手的動作讓狗狗的臉往上看，自然就會放低臀部。

讓愛犬充分嗅聞握著零食的手的味道。之後，將誘導的手移動到愛犬頭上。由於狗狗會用眼睛追隨手的動作，因此會形成坐下的姿勢。

全 一給牠獎勵品，馬上就會站起來。

給予獎勵品的手 要放在狗狗嘴巴的高度

手如果放在離狗狗較遠的位置，狗狗會為了想取得零食而站起來；如果靠得太近，狗狗又會為了避開而站起來。請配合狗狗坐下時的嘴巴高度吧！

給予獎勵品時，愛犬如果站起來，就不要給牠，重新進行坐下的誘導。別忘了只有確實採取坐下姿勢的狗狗才能獲得稱讚。

全 Q 對牠說「坐下」，牠卻擺出完全不對的姿勢……

不要有反應，試著裝作沒看見

有些狗狗會擺出「翻滾」等自己擅長的表演姿勢，請不要發笑或是對狗狗說「不對吧～」之類的話。先假裝沒看見，之後再重新開始誘導吧！

不要有反應，再次做坐下的誘導讓愛犬回復姿勢。

全 Q 一直往後退地逃走……

使用牆壁做練習

可能是發出指令時，飼主壓迫而來的樣子讓牠感到害怕。可讓狗狗背對著牆壁做練習，以免還得追著往後退的狗狗跑。注意不要變成覆身在狗狗上面的姿勢。

背對著牆壁，愛犬就無法往後退，練習起來也會變得容易。

基礎訓練
3

坐下＋等待

在狗狗面前放置零食或食物，使其等待，就是「等待再吃」。「坐下＋等待」的訓練，目的是要讓狗狗練習即使眼前沒有吸引牠的東西，牠也能夠等待。

讓狗狗沒有負擔的等待姿勢

對狗狗來說，以坐下的姿勢等待會比一直站著還要輕鬆，因此一定要讓愛犬學會。一開始就要牠長時間等待並不容易，所以最初先從在飼主身邊等待一瞬間開始，再慢慢拉長等待的時間吧！

學會坐下＋等待有什麼好處？

例如配戴項圈或是牽繩等，在讓狗狗坐下＋等待的期間，飼主可以一邊讓牠等待一邊進行其他的作業。因為愛犬能夠以輕鬆的姿勢安穩地等待，所以外出時也能遵守禮儀地度過。

讓狗狗坐下

和愛犬面對面（※），手持牽繩，另一隻手握住2個零食。讓愛犬嗅聞握住零食的手的味道後，發出「坐下」的指令（▶92頁）。

point

拿2個零食

考慮到中途可能會發生失敗，要在手中握入2個零食。如照片般，將其中一個用拇指隱藏起來般地拿著。

指示「等待」

制止愛犬動作般地將握著零食的手伸到牠面前，指示其「等待」。

point

好像在空中敲門般地動作

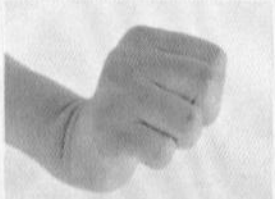

像要制止愛犬的動作般，將右手伸到牠面前，在空中敲門。在瞬間的「等待」指令之後，要進行眼神接觸時，一定要挺起上半身後再發出指令。如果無意識地進行下一個指令，就會覆身在狗狗上面，使其產生壓迫感。

※為了方便讀者看清楚手的動作，照片中是採並排進行。

要在什麼狀況下使用？

為愛犬進行清潔護理時，或是飼主忙著其他事情而要讓牠等待時，當希望愛犬不要亂動地乖乖等待時使用。也可以預防散步時的飛撲或暴衝等。

等待紅綠燈的時候
散步時清理糞便的時候
梳理胸部被毛的時候
進行打開嘴巴的練習時
在動物醫院繳交治療費時

櫃台

3
好棒，
做得很好～
還是一樣不要動比較好嗎？

進行眼神接觸

讓愛犬保持等待，將握著零食的手移動到自己的下巴處，進行眼神接觸。

point

出聲說話取得互相對視的時間

狗狗注視飼主的時間有多長，坐下保持不動的時間就有多長。

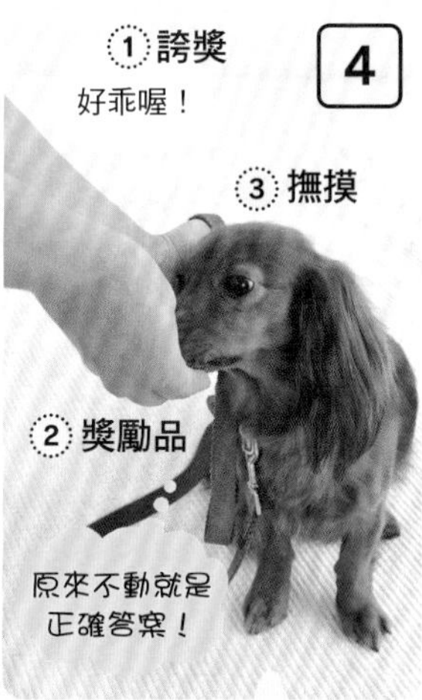
4
① 誇獎
好乖喔！
③ 撫摸
② 獎勵品
原來不動就是正確答案！

誇獎牠並給牠獎勵品

給牠1個握著的零食，讓愛犬學習到「坐下等待就會有好事發生」。

point

只給1個獎勵品

只給1個獎勵品，稱讚愛犬依照指示坐下的狀態。

5

再次指示等待後，以眼神接觸解除指令

為了避免讓愛犬以為吃完獎勵品後就結束了，要再度以和②相同的動作指示「等待」，和③一樣進行眼神接觸，再出聲說「OK」，解除等待。

point

注意零食不要掉下來

做等待的時候，要注意剩下的零食不要掉下來了。第2個零食是為了中途訓練失敗時做為保險而拿的，並不是要給狗狗的。失敗的時候就使用這個零食作為誘導，重新讓狗狗坐下。

坐下＋等待的 這個時候該怎麼辦？Q&A

記號的讀法　相關的主要犬種類型

小	中	大	全
小型犬	中型犬	大型犬	全犬種

坐下＋等待，使用在希望狗狗不要亂動地等待時非常方便。解決容易發生的問題點，完全地加以熟練吧！

Q 全 進行眼神接觸時必須注意的事項是？

注意不要覆身在狗狗上方

發出等待的指令後，進行眼神接觸時，如果飼主以覆身在狗狗上方的姿勢發出指令，狗狗會感受到壓迫感。請抬起上半身，背部挺直，只用手給予指示。

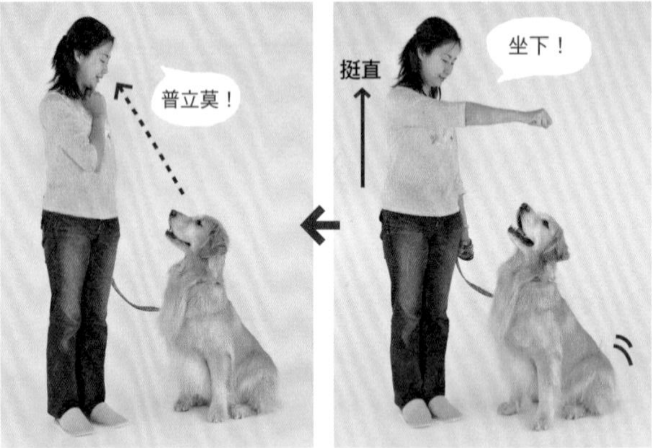

在愛犬坐著的狀態下，指示「等待」。之後進行眼神接觸時，注意上半身不要覆蓋在愛犬上方。

Q 全 做到一半就趴下了……

在狗狗的腳不會打滑的地方練習

如果是在光滑的地板上，因為容易打滑，腳無法用力踏地，很容易會變成趴下的姿勢。請在狗狗的腳不容易打滑的地方練習吧！

在地毯或是有止滑作用的地墊上練習，就能順利進行。

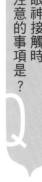

全

一給牠獎勵品，在進行等待之前就動了。

隨機變動「等待→獎勵品」的次數

習慣後，有些狗狗會發現獎勵品只能獲得一次。請改變「等待→獎勵品」的次數，打亂狗狗認定的想法，進行訓練。

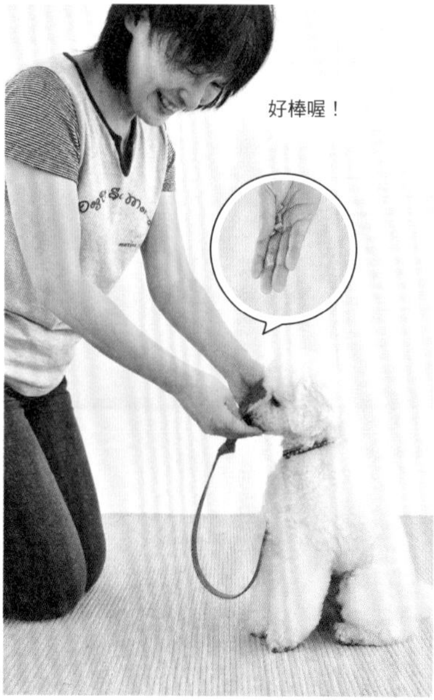

先拿著許多小零食，以便多做幾次練習。「等待→眼神接觸→獎勵品」的流程不要只做1次，有時可進行2、3次，隨機改變。最後再以「OK」解除。

全

明明發出「OK」的指令了，狗狗卻始終保持等待的樣子。

以輕快的語氣動作來誘導狗狗

可能是狗狗對「OK」的指令還有點難以理解吧！請以更有精神的聲音對牠說話，或是自己踏腳發出聲音來誘使牠活動吧！

不能因為狗狗不動就強拉牽繩。飼主請以身體的動作表現傳達給狗狗知道吧！

基礎訓練
4

趴下

趴下是指前腳肘部和腹部貼在地面上的姿勢。大多會和「等待」一起使用，但還是先單獨做「趴下」的訓練吧！

趴下是狗狗可以輕鬆地長時間等待的姿勢

要讓愛犬長時間等待時，最輕鬆的姿勢就是趴下。正確姿勢是以前腳肘部和腹部貼在地面上，和橫躺在地上的姿勢不一樣，在教導的時候必須注意。有些狗狗不喜歡在戶外俯趴，所以剛開始時最好在室內練習。

讓狗狗坐下後，用獎勵品的味道誘導

讓愛犬臉朝右地坐在自己的左斜前方，自己成立膝姿勢，一隻手握牽繩。讓愛犬坐下（▶92頁）。另一隻手握著零食，讓愛犬嗅聞氣味，引起牠的興趣。

point

狗狗趴下時，臉部要在自己身體的中央

讓愛犬臉朝右地坐在自己的左斜前方，就能在剛剛好的位置趴下。

將手降低到狗狗的前腳之間

充分引起愛犬的興趣後，慢慢放下握著零食的手，愛犬就會跟著低頭。另一手仍然保持握住牽繩的狀態。注意不要拉得太緊，以免勒到脖子。

point

慢慢放低拳頭

手掌朝向愛犬的鼻頭，慢慢放低，讓愛犬能夠跟隨手的動作。

學會趴下有什麼好處？

事先進行趴下的練習，遇到必須長時間安靜不動的情況，例如在醫院的候診室等待時，或是在狗狗咖啡店的時候等，狗狗就會自己選擇趴下的姿勢。

要在什麼狀況下使用？

實際使用趴下的時候，通常是以加上「等待」的指令，讓狗狗短時間等待的場面（▼105頁）居多。

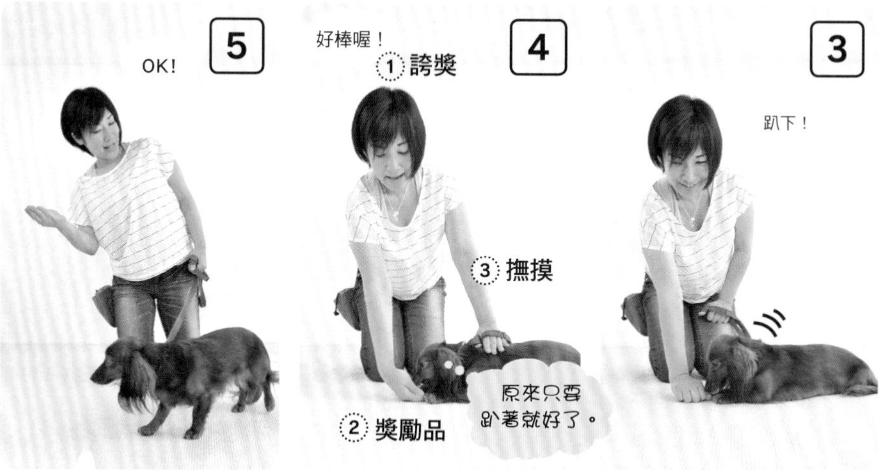

描寫L字型

將貼在地板上的手腕轉正，稍微拉離狗狗。追逐手的狗狗如果做出趴下的姿勢，就發出「趴下」的指令。

point

手腕轉正，描繪L字型

如照片般轉正手腕，手背面朝向鼻頭，好像描繪L字型般地拉遠距離。

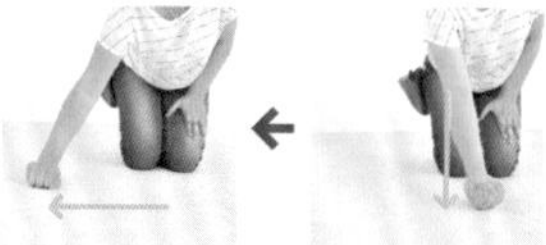

給牠獎勵品

出聲誇獎牠。以手背貼地的狀態，將手在愛犬的前腳之間打開，給牠握著的零食，然後撫摸牠。讓愛犬學會「趴下就有好事發生」。

point

撫摸肩膀就能維持姿勢

誇獎的時候要撫摸愛犬的肩膀，因為不容易站起來，就能長時間維持趴下的姿勢。

用「OK」解除指令，讓狗狗活動

用「OK」的指令讓愛犬站起來，使其自由活動。

point

只在姿勢正確的情況下發出指令

如果做出錯誤的姿勢，就用零食的味道誘導，修正成趴下姿勢；如果做出趴下姿勢了，就不給予零食，直接以「OK」來解除。

趴下的這個時候該怎麼辦？Q&A

◆ 記號的讀法　相關的主要犬種類型

小 小型犬　中 中型犬　大 大型犬　全 全犬種

剛開始的時候，有些狗狗
並不喜歡將肚子貼在地面上的姿勢。
在習慣之前先於室內練習吧！

大 教導大型犬時，必須注意的事項是？ Q

將拳頭完全貼到地面上

大型犬的體格龐大，為了讓狗狗的姿勢放到最低，所以要將握著零食的手完全貼到地面上。迅速將誘導的手往前挪移，誘導成趴下的姿勢。

讓愛犬嗅聞味道，引起興趣後，將拳頭完全貼到地面上，讓牠降低姿勢，然後描繪L字型（L字型的描繪法▶101頁）。

全 整個躺下來了…… Q

不做出反應地重新誘導

這是已經學會「砰！（槍擊倒地）」或「翻滾」等表演的狗狗常見的失敗。「砰！」或「翻滾」和趴下的姿勢相似，而且很受家人的歡迎，所以狗狗可能會自行做出這些動作。請不要加以反應，重新來過吧！

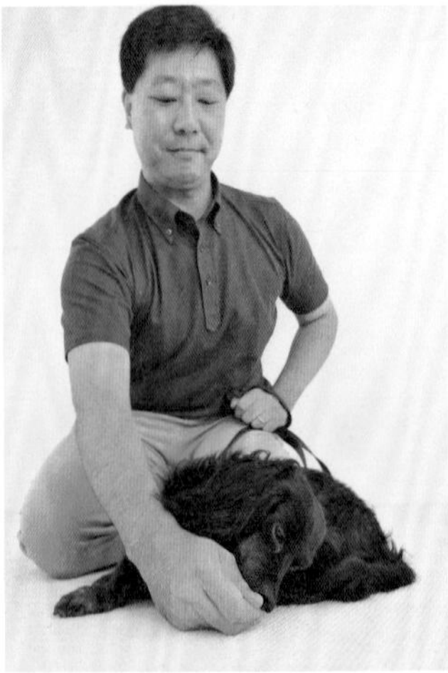

將誘導的手帶到愛犬的腋下，使其起身。待愛犬立起身體後，稱讚牠並給予獎勵品。

全 無法做好趴下的動作。

從鑽進腳下的趴下開始練習

老是做不好趴下姿勢時，不妨以「鑽腳的趴下」進行練習。只要鑽進飼主的腳下，就能自然地趴下。

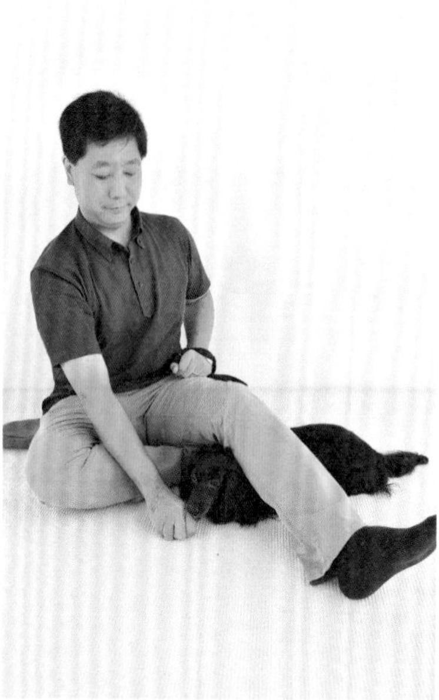

立起單腳膝蓋，用零食誘導，讓愛犬鑽到腳下。形成趴下姿勢後，就稱讚牠並給予獎勵品。

全 正想誇獎牠的瞬間就站起來了。

給予獎勵品的手要配合狗狗趴下時嘴巴的高度

獎勵品要在狗狗保持趴下狀態時給予。如果拿零食的手位置太高，狗狗就會跟著手站起來。

手背緊貼著地板，給予獎勵品。

基礎訓練
5

趴下＋等待

趴下＋等待，是指在解除指令之前，以前腳肘部和腹部貼在地面的趴下姿勢等待。如果能讓狗狗以趴下的狀態等待，等待的時候也會比較沒有負擔。

讓狗狗等待時的方便姿勢

趴下對狗狗來說，是比保持站立或坐下還要輕鬆的姿勢。雖說如此，讓狗狗等待的時間，還是要以10～15分鐘左右為限。如果讓狗狗等待太久的話，飼主還沒解除「趴下＋等待」的指令，狗狗可能就已經擅自活動起來了。

學會趴下＋等待有什麼好處？

在動物醫院的候診室等待時、進行梳毛時等，想讓愛犬稍做等待的時候會非常方便。不過，只能使用在飼主能夠好好地看著愛犬，確認牠能夠乖乖不動的時候。如果忘了做解除，將會導致狗狗的混亂。

1

發出「趴下」的指令

讓愛犬臉朝右地坐在自己的左斜前方，自己成立膝姿勢，一隻手握牽繩。另一隻手握住許多零食，以備中途失敗時使用。讓愛犬趴下（▶100頁）。

point

開始時的姿勢很重要

讓愛犬在自己的左斜前方，臉朝右地坐下。如此便能在剛剛好的位置趴下。

2

發出「等待」的指令

握著零食的手稍微遠離愛犬的鼻頭，做出往下甩般的動作，出聲說「等一下」。

point

做出好像用菜刀切菜般的動作

以切菜般的動作做為「等待」的信號。這個動作具有之後在將手拉離愛犬時，禁止其跟過來的的意義。

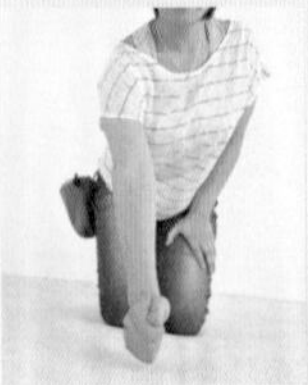

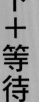

要在什麼狀況下使用？

短時間希望愛犬不亂動地安靜等待時使用。例如，有宅配包裹來了，需要在門口簽收時、在動物醫院的候診室等待的時候等等。想要拍攝愛犬的獨照時也可以使用。

- 在動物醫院的候診室裡等待時
- 有宅配等寄達，在門口簽收時
- 梳毛的時候

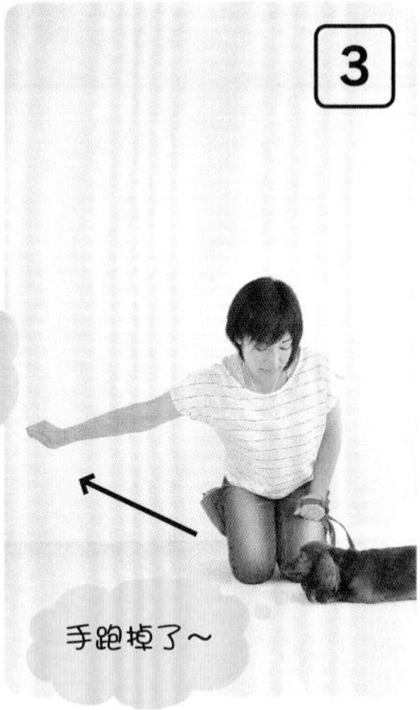

將握著獎勵品的手拉遠

將手拉遠，讓愛犬以趴下的狀態等待2～3秒。

point

不做眼神接觸

在「坐下＋等待」時，會在「等待」的信號之後進行眼神接觸，但是在這裡是不做的。因為在②的狀態下，如果把手帶到自己的下巴處，愛犬就會被手引誘而站起來。藉由將手拉遠來預防愛犬受到引誘而動作，保持趴下等待的狀態。

給牠獎勵品，反覆進行②、③

如果手拉遠了，愛犬仍能保持不動，就要誇獎牠，給牠1個零食。再做一次、，加強等待的印象。最後在手拉遠的狀態下，以「OK」的指令結束等待。

point

給狗狗「等待」的印象

反覆進行②、③，加強趴下等待的印象，讓愛犬記住。

進行眼神接觸，發出「OK」的指令

如果①～④都會做了，就可以在③之後，將手移動到自己的下巴處，進行眼神接觸。反覆進行②→③→眼神接觸→④。和愛犬對看後，發出「OK」的指令，加以解除。

point

延長「等待」的時間

進行眼神接觸，狗狗注視飼主的時間有多久，延長等待的時間就有多久。

趴下＋等待的這個時候該怎麼辦？Q&A

記號的讀法　相關的主要犬種類型

小 小型犬　中 中型犬　大 大型犬　全 全犬種

趴下＋等待，是要讓狗狗短暫時間等待時很方便的指令。加以訓練讓牠能夠確實做好吧！

全 教導時必須注意的事項是？ Q

要在狗狗的視線高度、更遠的位置停下來

清楚做出等待信號的「切菜」般的動作後，將手拉遠。將手拉遠的時候，一定要在狗狗的面前移動，避免從狗狗的視線範圍內消失。

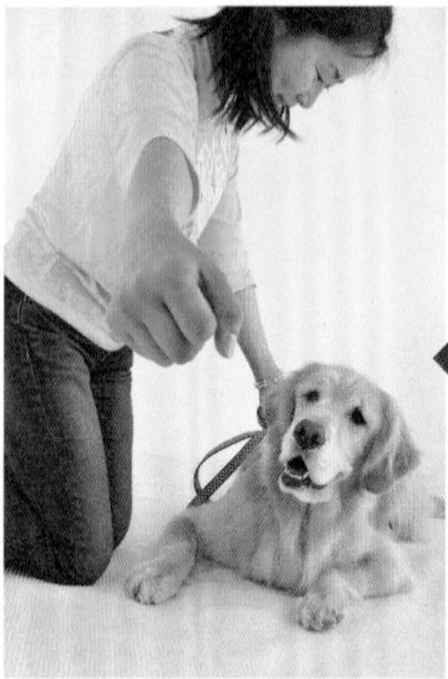

做出等待信號將手拉遠時，必須要在愛犬的視線前方。注意不可拉遠到愛犬不容易看見的位置，或是拿到上方。

大 要做眼神接觸時，牠就想要站起來…… Q

只重複進行等待↓將手拉遠↓誇獎

狗狗會被做眼神接觸的手吸引而想站起來，所以要先做「等待↓將手拉遠↓誇獎」，確實地教導牠「保持趴下就有好事發生」。

給牠獎勵品後，只對牠說「OK」來解除指令，讓愛犬自由。愛犬如果沒有站起來，就進行105頁的進階練習。

全 在等待的期間就躺下來了。

將誘導的手帶到狗狗的腋下

愛犬如果躺下來了，就將誘導的手帶到愛犬的腋下處。為了想吃到零食，愛犬應該就會起身了。

讓已經躺下來的愛犬嗅聞握住零食的手的味道，然後帶到腋下處。愛犬如果起身了，就從104頁的2開始重新進行。

全 狗狗踩到牽繩纏住了。

將牽繩繞到脖子後面

牽繩垂放在地上，可能會纏到愛犬的腳，讓愛犬覺得不舒服而加以啃咬等，造成錯誤的姿勢。牽繩要摺好拿著，不要垂放在狗狗面前，而是要繞到頸後。

牽繩摺好後用手拿著，握短一些以免礙事。

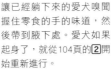

基礎訓練 6

過來

「過來」使用在將遠處的狗狗叫回飼主身邊的時候。遇到危險的場面時，如果可以用「過來」將狗狗叫到身邊，就能夠守護狗狗的安全，所以一定要熟練哦！

將狗狗叫回飼主身邊加以控制

如果學會「過來」，當飼主想要愛犬來到自己身邊時，就能順利地叫過來，有助於控制狗狗。而且在練習階段時，因為狗狗一來到飼主身邊就會得到獎勵品，所以會非常喜歡到飼主的身邊去。

學會過來有什麼好處？

例如吃飯的時候等，當想對狗狗做什麼事而要叫牠過來時很有用處。此外，愛犬快要遭遇危險時，也可以叫牠過來加以迴避，就是「過來」的最大優點。

一邊用獎勵品的味道誘導牠，一邊向後退

和愛犬面對面，短短地握住牽繩，避免牠任意行動。讓愛犬嗅聞另一隻握著零食的手的味道，引起牠的興趣，一邊說「過來」，一邊向後退5～6步。

point

手的位置要配合狗狗站立時的鼻頭

拿著零食的手擺放的位置，要配合站立狀態的愛犬鼻子高度，以利愛犬行走。

將手拉近身體

一邊後退，一邊將握著零食的手漸漸靠在自己的兩腳之間。

point

不要用力拉牽繩

將誘導的手拉近自己的身體，等愛犬來到身邊後就停止。誘導的時候，請不要用力拉牽繩，強制將愛犬拉近。

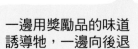

要在什麼狀況下使用？

使用在希望將狗狗叫到更近處時，或是要誘導牠到想帶牠去的場所時。尤其是在散步中有車子要經過身邊時等等，在危險場面想要守護狗狗的安全時都可以使用。

當狗狗想去你不希望牠去的場所時
狗狗要對著什麼衝過去時
散步中，身邊有車子或腳踏車要經過時

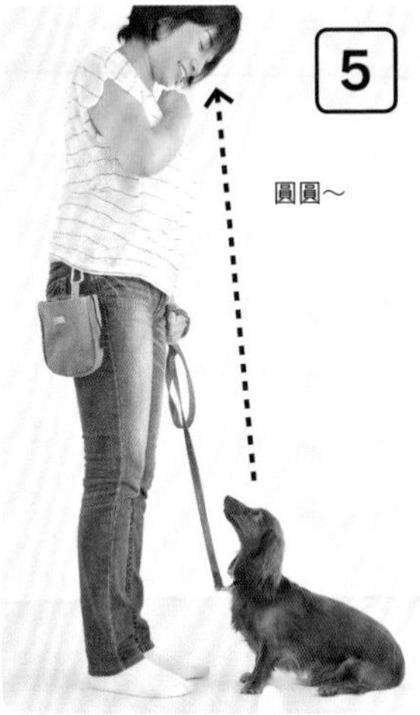

讓牠坐下後獎勵牠

將手靠在自己腳上的同時要稍微往上提一點，引導愛犬呈坐下的姿勢。完成坐下姿勢後就給牠獎勵品，讓愛犬學習到「走到飼主旁邊坐下就有好事情」。

point

直接將手提高

將手拉近身體的同時也要稍微提高，就可以順利地讓狗狗在剛好接近自己身體的位置採取坐下的姿勢。

指示其「等待」

將握著零食的手拿到愛犬面前，發出「等待」的指令。

point

讓牠注視飼主

以「等待」的指令讓狗狗看著飼主，養成受到稱讚後仍停留在當場的習慣。零食是用來讓狗狗注視著飼主的，所以就算能夠「等待」，此時也不給牠零食。

做眼神接觸，以「OK」解除指令

指示愛犬進行眼神接觸，讓牠注視飼主。出聲說「OK」以解除「過來」的指令，讓愛犬自由活動。

point

不要破壞對「過來」的印象

在練習完「過來」之後，為了避免破壞印象，請不要做讓愛犬討厭的事。

過來的這個時候該怎麼辦？Q&A

記號的讀法　相關的主要犬種類型

小　小型犬
中　中型犬
大　大型犬
全　全犬種

只要學會過來，
要控制狗狗就會更簡單。
克服容易發生的問題點，
讓狗狗能夠完全學會吧！

小 中 Q 在誘導進行中就撲奔過來了……

可能是誘導的手位置太高了

可能是誘導的手位置太高了。手的位置要下移到狗狗站立時的鼻子高度，讓牠嗅聞味道。由於高度依狗狗而異，因此配合該隻狗狗讓牠好好地嗅聞氣味是非常重要的。

配合愛犬的鼻子高度讓牠好好嗅聞味道後，如108頁的②般，將誘導的手拉近自己的身體。

全 Q 不跟隨誘導的手。

確實引起狗狗的興趣吧！

或許是沒有引起狗狗興趣的關係。一開始的時候請讓狗狗好好嗅聞零食的味道，引起牠的興趣。另外，換成味道有強烈吸引力的零食也是一個方法。

讓愛犬好好嗅聞味道後，開始向後退，如108頁①一般進行誘導。

大

想讓狗狗「過來」，牠卻整個撲了過來。

Q

發出指令的方法請更溫和一些

氣勢十足地發號施令，狗狗也會提高興奮度，可能會衝向飼主，或是飛撲而來。最好用溫和的語氣發出指令。

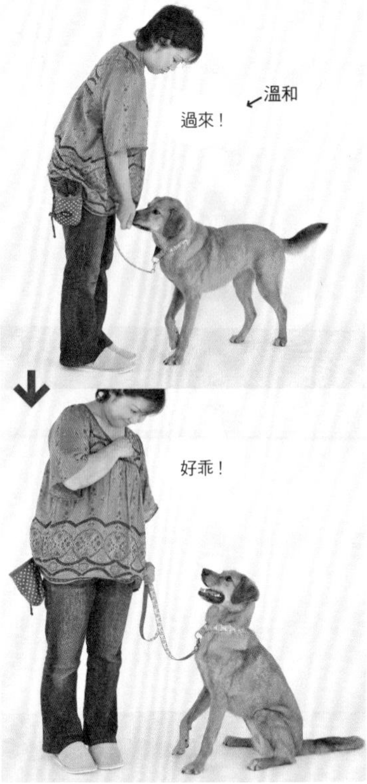

讓愛犬充分嗅聞握著零食的手，溫和地說「過來」，一邊往後退。愛犬來到身邊後，先讓牠坐下，一坐下就要稱讚牠。

全

「過來」時的坐下老是沒辦法更靠近一點。

Q

將誘導狗狗過來的手拉近自己的身體

最後要讓狗狗坐下時，如果以「坐下」訓練的做法（▼92頁）發出指令，狗狗就會遠遠地坐下。只要將誘導的手沿著身體提高，就能讓牠坐到身邊來。

將握著零食的手靠在自己身上，讓愛犬來到身邊。做這個動作時，一剛開始要讓愛犬充分嗅聞零食的味道是很重要的。

基礎訓練 7

跟隨

跟隨是指狗狗在飼主的身邊，以相同的速度步行。只要學會跟隨，在危險的場所就可避免狗狗任意衝出，可保護狗狗的安全，因此一定要學會哦！

讓狗狗跟在旁邊，確保安全

做跟隨的時候，不論是快步走還是慢步走，都要讓狗狗配合飼主的走路速度步行。如果能配合飼主的步調來走路，也能夠預防車禍等意外，或是向他人或其他狗狗飛撲過去的狀況，可確保安全。一般都是讓狗狗跟隨在左側，但也可以跟隨在右側。

學會跟隨有什麼好處？

會讓狗狗學習到在飼主旁邊走路是快樂的，所以不會任意地想要往前走，可以避免拉扯牽繩或是暴衝等狀況發生，能夠安全地散步。

讓狗狗坐下後，進行眼神接觸

手持牽繩，另一隻手握入1個零食。讓愛犬嗅聞握著零食的手的味道，一邊將牠誘導到跟隨的位置。讓愛犬採取坐下姿勢，讓牠能夠看見地將誘導的手放在肩膀處，進行眼神接觸。

point

確認跟隨的位置

讓自己的腳和愛犬的前腳站在同一條線上。愛犬和自己之間相隔約1個拳頭的距離。這就是跟隨的位置。

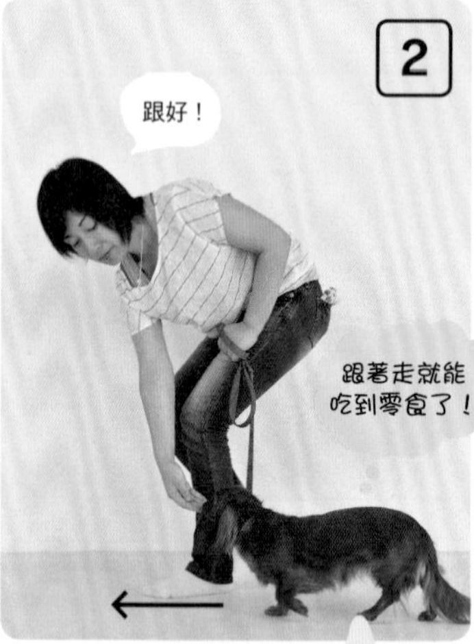

指示「跟隨」後，邊走邊給予獎勵品

一邊出聲說「跟好」，一邊在踏出第一步的瞬間給予獎勵品，讓愛犬提起上半身。

point

注意給予零食的位置

手的位置大約是在左腳褲子的縫線處，高度則要配合愛犬嘴巴的高度。手做出淺盤狀，讓愛犬邊走邊吃獎勵品。

要在什麼狀況下使用？

在交通量多的道路或是人群中等讓狗狗自由行走可能會有危險的時候使用。也可以預防狗狗對周圍人們的飛撲等。

- 經過拉扯牽繩可能會造成困擾的場所時
- 經過狗狗可能想做記號的場所時
- 和其他狗狗錯身而過時
- 地上有狗狗可能會撿食的東西時

一邊誇獎牠一邊走

從腰包裡拿出零食，將手放在左肩處，誇獎牠「好棒」。腳步不要停下來。

point

不做眼神接觸也沒關係

即使沒有如照片般做眼神接觸，但只要能走在跟隨的位置，就給予誇獎吧！

一邊誇獎牠一邊走，給予獎勵品

誇獎「好棒」之後，立刻給牠握著的零食。反覆進行2～4地走路。

point

零食一定要邊走邊給

如果停下來給予零食，當散步中愛犬想吃零食的時候，可能就會站住不走了。就算速度慢下來，也要邊走邊給零食。

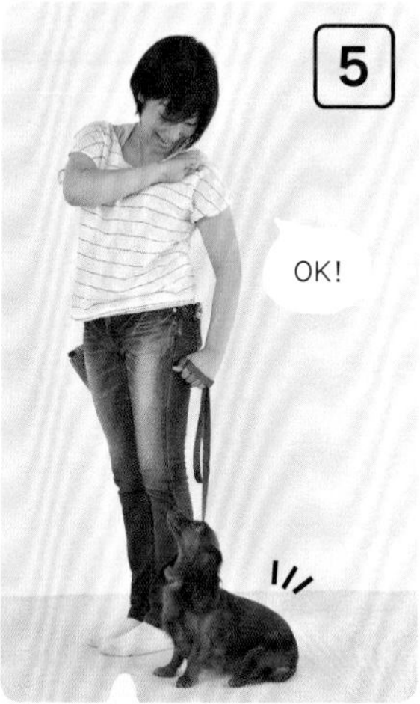

發出「OK」的指令，加以解除

降低速度，慢慢停下來，讓愛犬坐下後，進行眼神接觸。出聲說「OK」，解除「跟隨」的指令，讓牠自由行走。

point

中止「跟隨」的時機

當愛犬能夠專注地走得很好時，就可以慢慢停下來，見機結束跟隨的練習。

跟隨的這個時候該怎麼辦？Q&A

記號的讀法　相關的主要犬種類型

小 小型犬　中 中型犬　大 大型犬　全 全犬種

散步時如果能夠跟著主人走，
看起來真是棒極了。解決容易發生的
問題點，努力讓狗狗學會跟隨吧！

小　中

Q 想要給牠獎勵品，牠就飛撲過來。

給獎勵品的手要配合步行時狗狗的嘴巴高度

狗狗之所以會飛撲，是因為給獎勵品的手部位置太高的關係。請確實將手放低到步行時狗狗的嘴巴高度來給予吧！

將給予獎勵品的手放在褲子側面縫線的位置，就能讓愛犬好好地跟在旁邊。

小

Q 一開始走，狗狗就會繞到前面。

將握著零食的手放在狗狗那一側的肩膀處

是不是沒有將握著零食的手放在肩膀處，而是放在下巴附近呢？這樣的話，狗狗會為了想看見而來到前面。將手放在狗狗那一側的肩膀處，狗狗比較容易看見指示，就能預防牠繞到前面。

將手放在肩膀處，甚至將身體也朝向愛犬那邊地行走，更容易做眼神接觸，愛犬也能更加專注。

全

狗狗會拉扯牽繩。

向右轉後往反方向走

只要狗狗一走到前面，就轉換方向。向右轉，回到剛才走過的路線上。注意不可讓狗狗走向自己想去的方向，這樣也能避免狗狗的任意暴衝。

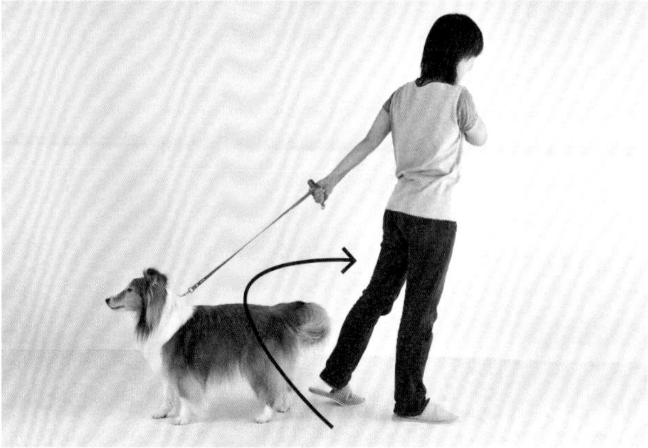

等愛犬再度來到身邊後，立刻稱讚並給予獎勵品。教導牠「跟在飼主身邊是件好事情」。

全

跟到一半就停下來了。

獎勵品要保持邊走邊給

可能是飼主在無意識中停下來給獎勵品了。請注意要一邊走，一邊稱讚並給予獎勵品地進行訓練吧！

就算速度慢下來了，只要繼續走，就能持續跟隨步行的動作。

基礎訓練
8

進屋

進屋，是指讓狗狗進入狗籠裡。目標是只要發出「進屋」的指令，狗狗就會進入狗籠裡，即使關上門也能安靜地等待。

習慣待在狗籠中，可以預防令人困擾的行為

如果能讓愛犬自己進入狗籠裡，就可以預防胡鬧等令人困擾的行為；或是外出旅行時，即使地方改變了，但只要有狗籠，狗狗就能安心。有些狗狗從第一天開始就願意進去，但也有心存警戒而不願進入的狗狗。另外，過去若有進屋教養失敗的情形，也一樣先從讓牠習慣狗籠開始吧！有耐心地一步一步慢慢來吧！

學會進狗屋有什麼好處？

做為狗屋的籠子雖然看起來很像牢籠，不過只要習慣了，對狗狗來說就會是舒適又可以安心的場所。如果狗狗能夠喜歡

STEP 1

用獎勵品誘導狗狗進入

一隻手握住牽繩，另一隻手握著零食，讓愛犬嗅聞這隻手的味道，引起牠的興趣，在狗狗進入狗籠的瞬間，出聲說「進屋」。

point

不要關上籠子的門

在**STEP3**之前，請不要關上籠子的門。將門固定不動或是拆掉，以利於練習。

進入裡面後，就誇獎牠並給予獎勵品

愛犬進入裡面後就加以誇獎，給牠手中的零食。

point

就算狗狗跑出來了也不要焦急

就算愛犬撇開手跑出來了，也不要強制將牠推進狗籠裡，或是想要控制牠跑出去的行為。藉由重複的練習，讓狗狗變得不會擅自跑出來。

狗籠，在上醫院、寄放寵物旅館，或是要利用電車、汽車等讓狗狗移動的時候等，各種場面都能派上用場。

要在什麼狀況下使用？

要讓狗狗獨自看家，或是有客人來訪時、旅行時等，都可預先以「進屋」讓狗狗進入狗籠裡。此外，發生災害等緊急時刻，如果狗狗能進入狗籠裡安靜等待，要在避難所和其他人一起生活也不是不可能。

- 在旅行地、醫院、寵物旅館等不同場所時
- 不喜歡狗狗的客人來訪時
- 飼主用餐時
- 發生災害等緊急事態時
- 獨自看家時
- 利用汽車或電車移動時

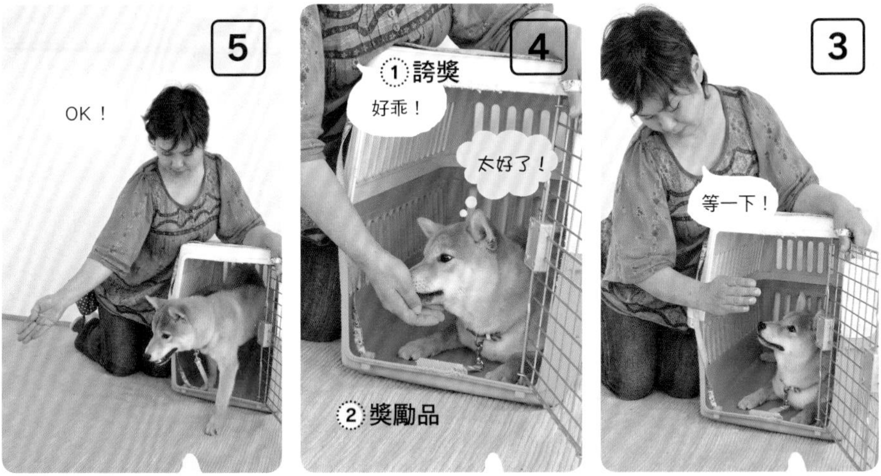

發出「等待」的指令

愛犬如果能夠安穩地待在狗籠裡吃零食，就要伸手擋住牠的視線，發出「等待」的指令，使其等待。

point

手一定要伸到狗狗的面前

好像要制止愛犬的動作一般，將手伸到愛犬面前後，發出指令。

誇獎牠，給予獎勵品

愛犬如果能在裡面等待，就要在牠進入狗籠的狀態下誇獎牠，給予獎勵品。

point

能夠停留在裡面就誇獎牠

讓愛犬留下如果能聽從飼主的指示待在狗籠裡面就會有好事發生的印象。

在「OK」的指令下讓牠離開狗籠

出聲說「OK」，解除「進屋」的指令，讓愛犬慢慢地出來狗籠外面。

point

反覆練習

反覆進行練習，更進一步地，平常就要在狗籠裡放置玩具或零食，讓牠自動進入裡面，加速讓牠習慣狗籠。

如何讓狗狗習慣狗籠

對狗狗來說，像狗籠這種狹窄又微暗的場所，本來就是能夠安穩下來的地方。不過，雖然願意進入籠內，但是如果一關門就吠叫，或是掙扎著要出來的話，可以進行在進入狗籠的同時給予耐久啃的零食來拉長時間，並且將門一點一點關上的練習。不管狗狗吠叫或是胡鬧，都不要讓牠出來。

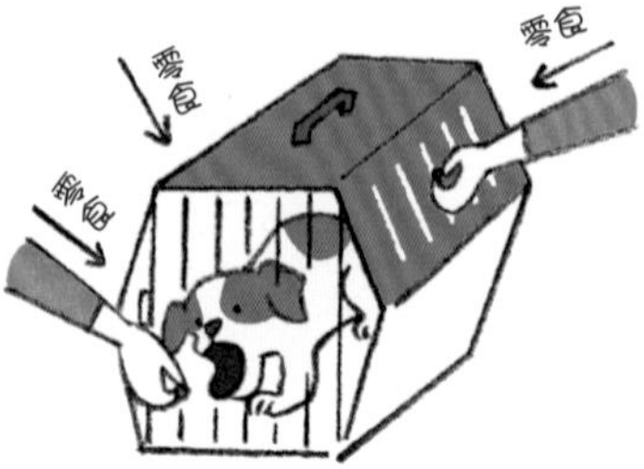

STEP 2

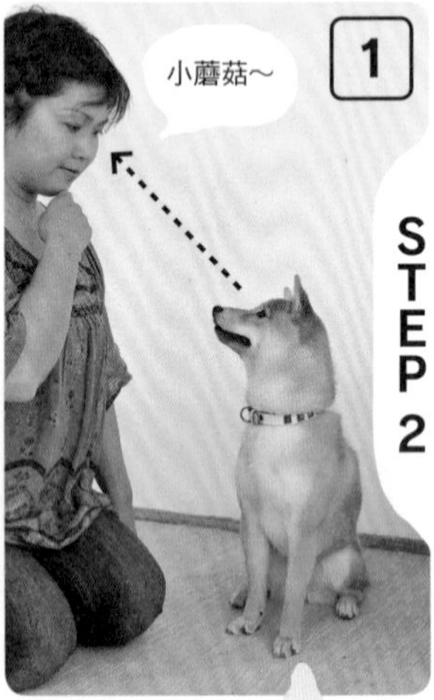

發出「坐下」的指令，進行眼神接觸

進入狗籠之前，不使用零食地發出「坐下」的指令，取得眼神接觸。

point

不使用零食的練習

在**STEP1**讓愛犬習慣狗籠。如果愛犬願意進入的話，就進行不使用零食、只以「進屋」的指令讓愛犬進入的練習。

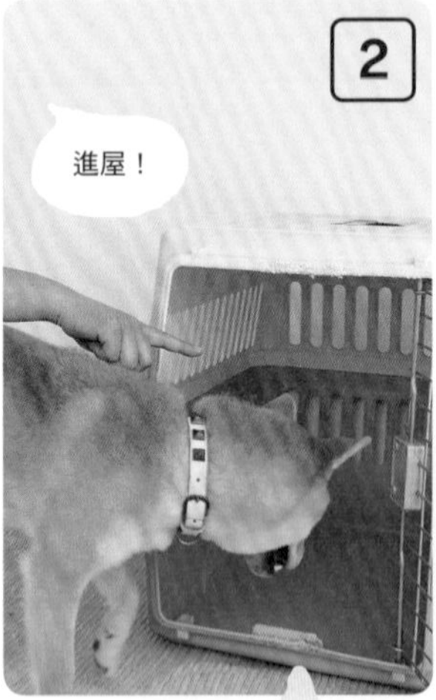

只用「進屋」的指令讓牠進入

發出「進屋」的指令讓愛犬進入後，再用「OK」的指令讓牠出來，反覆進行。

point

反覆進行讓牠習慣

反覆練習1、2，讓牠習慣遵照指令進入。同時慢慢拉長待在狗籠裡的時間，好讓牠將來能夠長時間待在裡面。

STEP 3

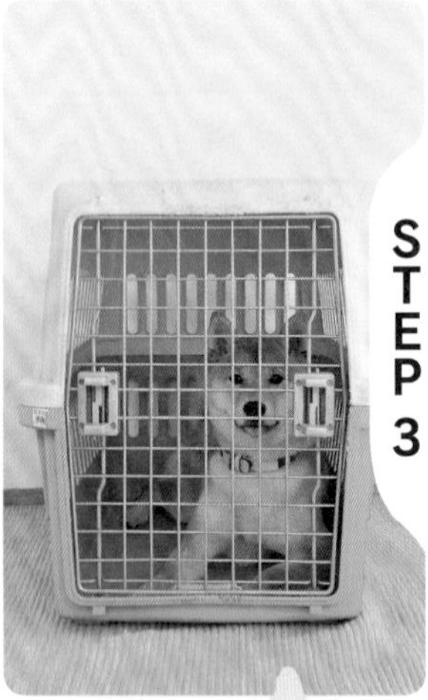

關上門讓牠習慣

剛開始以半關的狀態，讓牠習慣待在狗籠裡面。之後，給牠牛皮骨之類耐久啃的零食，趁牠玩到忘我時，不讓牠察覺地一點一點關上門，最後完全關閉。

point

逐漸拉長關門的時間

關上門的時間要從數秒鐘為單位開始，慢慢地將時間拉長。

進屋的這個時候該怎麼辦？Q&A

記號的讀法 相關的主要犬種類型

小	中	大	全
小型犬	中型犬	大型犬	全犬種

解決容易發生的問題點，訓練成能夠安靜地待在狗籠裡的狗狗吧！

Q 全 就是不肯進入狗籠裡……

拆掉屋頂做練習

可能是因為警戒心強的關係。如果使用零食仍然不願進入的話，可以背著狗狗拆掉屋頂，再誘導看看。更進一步地，在狗籠的底部鋪上有愛犬氣味的鋪墊物，也有減輕警戒心的效果。

從拆掉狗籠的屋頂，在裡面放入食物，讓牠對狗籠抱持興趣開始。等習慣後，再回復狗籠原本的形狀，從**STEP1**開始做練習。

Q 全 一關上門就叫個不停。

不理牠直到牠安靜下來

關上門的時候，不管狗狗再怎麼大吵大鬧，也不要讓牠出來。如果讓狗狗學習到只要大吵大鬧就能出來，想讓牠習慣狗籠就會變得更加困難。

在安靜下來前不要理牠，等愛犬不再騷動，完全靜下來後才放牠出來，重新練習。剛開始關門時，不要一下子關上，而是要一點一點地關閉。

＼ 戶田馴犬師來告訴你！ ／

教養教室的挑選方法

能夠教導狗狗學習和人類一起生活時的必要事項的，
就是教養教室。由於可以從幼犬時期就好好地進行教養，
因此不妨來詳細研究看看吧！

教養教室請配合目的來選擇

教養失敗時、為問題行為困擾時，仰賴專家指導是最好的辦法；但其實最理想的做法是：從決定飼養狗狗的時候起，就開始接受專業馴犬師的指導。跟著馴犬師學習，從幼犬時期開始教養，不僅可讓飼主不為問題行為而煩惱，狗狗也不會有壓力，將來彼此都能過著幸福的生活。只是，絕對不能掉以輕心。好不容易學會了，如果一段時間後飼主就隨便馬虎地疏於教養的話，就會變成問題行為的原因，所以持續一起用功學習教養方法是非常重要的。

尋找馴犬師時，大致的方法是調查對方擁有的證照以及頒發該證照的團體，並且確認其指導方針是否吻合自己的想法。還有，對狗狗的教育方針是否合乎自己的要求？是稱讚式教養嗎？看重斥罵嗎？等等，也都要事先充分確認，試著尋找樂意開放參觀、對各種詢問也能夠詳細回應的地方。此外，有清楚的學習目的也很重要。是希望徹底進行基本的教養？還是希望修正問題行為？或是想要接受高度訓練以參加訓練比賽等，請選擇吻合目的的地方吧！

即使決定接受訓練了，也不能完全交給馴犬師。狗狗只聽從馴犬師的指令，卻對飼主的指令充耳不聞，這樣是沒有意義的。請尋找可以和狗狗一起練習的地方吧！

各種類型的教養教室　選擇適合狗狗和個人目的的教養教室吧！

個人教養教室

馴犬師可以出差到家中，所以能和飼主一起在常去的公園或家中上課。馴犬師可以觀察到教養的環境和飼主正在進行的教養來做指導，因此也能改善問題行為。因為是個別指導，所以連細微部分也能獲得教導。

教養教室（團體課程）

3～6隻一起進行的團體課程，在固定的時間，和狗狗一起前往馴犬師那裡。由於飼主也會一起學習，所以能夠練習在教室裡學到的東西。因為不是個別指導，所以無法以自己的程度為基準來進行課程。

訓練所

上課期間各有不同，但要將狗狗託付給訓練所。馴犬師會確實進行狗狗的訓練，不過飼主大多無法接受直接指導。適合以在訓練比賽等大會得獎為目標，或是想參加狗展等為目的，希望進行正式訓練的人。

PART 4

和愛犬
更快樂地生活！

外出時的禮儀和教養

如果愛犬也能一起出門，和狗狗共度的生活應該會變得更快樂。在此要介紹在外出地點不會帶給周圍人們困擾，又能讓愛犬安穩度過所必需的教養和禮儀。

如果要讓狗狗搭乘汽車&電車，就要先讓牠習慣提袋或狗籠

利用電車從習慣提袋開始

如果是體型較小的狗狗，可以放入提袋或狗籠中來搭乘電車。但是，提袋之類的大小是有限制的，也有可能必須另外付費。詳細情形請詢問所利用的交通運輸公司。

即使裝在提袋裡面，吠叫或低鳴還是會造成其他乘客的困擾。所以請等到愛犬能夠安穩地待在提袋裡面後才利用電車吧！剛開始時請不要勉強，以能夠搭乘一站做為目標，慢慢讓牠習慣。

基本

搭乘電車時的注意事項和禮貌

小型犬如果放進提袋中，是可以搭車的。

在狗狗習慣之前不坐下

剛開始時，和其他乘客保持距離，飼主和狗狗都會比較安心。最好站在車廂連結處或是車門附近。

減少飲食

即使是搭乘電車，仍然可能因為晃動而暈車。在習慣電車之前，請減少乘車前的飲食。

不要讓狗狗的頭伸出提袋

有些人會讓狗狗的頭露出來，這樣是違反規定的。身體完全待在提袋中，狗狗也會比較安心。

讓牠慢慢習慣，以免狗狗討厭車子

讓愛犬搭車時，請以安全做為第一考量。基本上，必須將狗狗放入狗籠裡面。如果放任牠在車內自由活動，可能會妨礙駕駛或是胡鬧，非常危險。此外，也可以預防牠對外面的景色興奮吠叫。還是先做好進屋訓練（▼116頁），讓愛犬能夠安穩地待在狗籠裡面吧！

出發前要讓愛犬上過廁所，減少飲食以免造成胃部負擔。如果容易暈車，可以請動物醫院處方暈車藥，倘若嘔吐了也不要驚慌失措，迅速清理乾淨。還有，要領是第一次的兜風只要數分鐘即可，之後再慢慢拉長距離和時間。勉強會造成狗狗討厭車子，最好一邊觀察樣子地讓牠習慣。

基本

乘車時的教養和安全對策

狗狗裝入狗籠裡是基本，也有使用犬用安全帶固定的方法。

以犬用安全帶固定

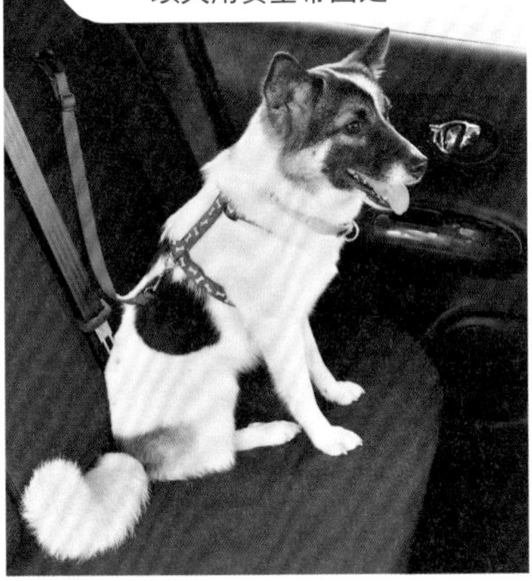

將犬用安全帶安裝在胸背帶上，固定於後座

如果能完成下面的3個條件，也可以利用將犬用安全帶扣在胸背帶上固定的方法。這3點是：不會對窗外看到的東西吠叫、能夠控制排泄、能夠安穩地待在車中。犬用安全帶可以在大型寵物店等購得。

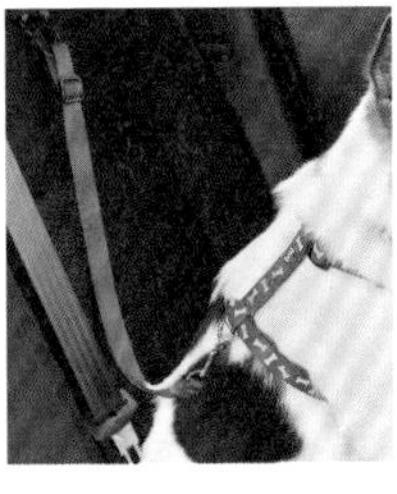

放入狗籠裡

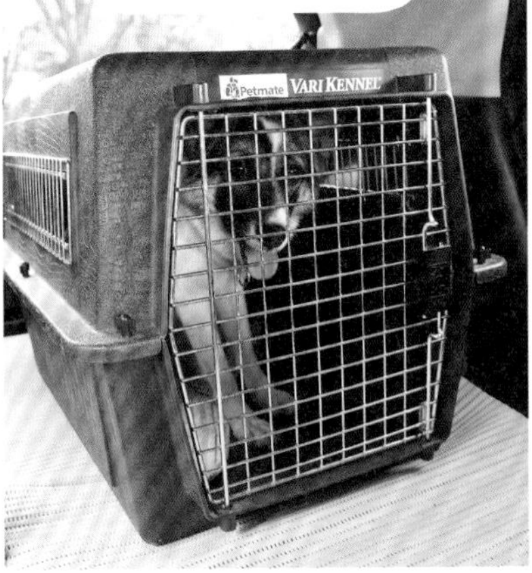

放在後座的腳下處，或是用安全帶固定

狗籠如果太大，狗狗就會在裡面活動，所以要使用大小僅能讓狗狗在裡面轉身的狗籠。放置場所以後座腳下處為安全。如果有間隙，就塞布固定以免狗籠晃動。要放在座位上或載貨台上時，請以安全帶等固定。市面上也售有附安全帶固定功能的狗籠。

基本 安全上下車的教養

熟練安全上下車的方法，以免發生意外。

中・大型犬要依照指令上下車

無法以狗籠或是提袋帶出去的中・大型犬，要讓牠能依照「進屋」等指令上下車地做練習。此外，牽繩的穿脫一定要在車內進行。

小型犬要放入狗籠裡上下車

如果是小型犬，以放入狗籠或提袋中的狀態上下車為安全。

HOW TO 上車的方法

讓狗狗「坐下→等待」

打開車門，在車門前發出「坐下→等待」的指令。請避免一打開門就讓狗狗一溜煙跑進車裡的教養方式。

指示「進屋」，進入車內的狗籠

待狗狗穩定下來後，發出「進屋」的指令，准許牠進入車內。牽繩一定要在狗狗進入狗籠裡面後再拆掉。

HOW TO 下車的方法

利用安全帶時

先指示「等待」，讓狗狗穩定下來

打開車門後，發出「等待」的指令，讓想要立刻下車的狗狗穩定下來。

先戴上牽繩再解開安全帶

先戴上牽繩，然後解開安全帶。習慣這樣的做法會比較安全。

利用狗籠時

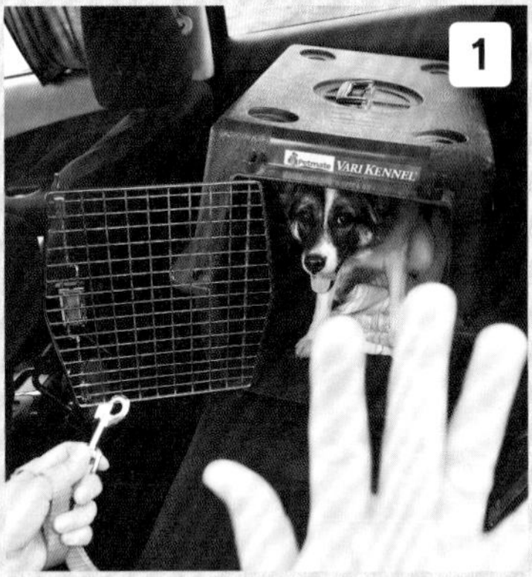

打開狗籠的門，指示「等待」

車子的門關好，打開狗籠的門，指示「等待」。以防狗狗擅自跑出去。

在車內配戴牽繩

飼主上車，為狗狗配戴牽繩。牽繩一定要在關上門的車內配戴。

抱著，或是發出指令讓狗狗下車

針對 1 所發出的等待做出「OK」的指令。下車時，抱著狗狗是最安全的，所以能抱的狗狗就用抱的下車。體型大到難以抱著下車的狗狗，就用「OK」的指令讓狗狗活動，給牠自己下車。

動物醫院

在動物醫院的禮儀從「讓狗狗習慣」開始

為了治療，請避免讓愛犬變得興奮

在動物醫院，請以「避免讓愛犬興奮」做為第一考量。在談及禮儀等等之前，如果狗狗沒有處在某種程度的穩定狀態，是無法接受適當治療的。尤其是在候診室裡，因為還有其他動物，所以很容易變得興奮。讓狗狗以趴下的姿勢等待是基本禮貌，但如果狗狗無法做到，顯得害怕或是興奮時，跟醫院的人員交待一聲後帶到外面等待也是一個方法。消除愛犬的壓力，可以帶來更好的治療並保持對周圍的禮貌。

平日就要想辦法讓牠習慣動物醫院

僅在生病時造訪醫院，只會讓狗狗留下「去到醫院，就會有人對自己做討厭的事」的印象。想要降低治療時的恐懼心，最好讓狗狗認為「醫院=有好事發生的地方」。例如將常去的動物醫院納入散步路線，在動物醫院前給牠零食之類，重點是從平日就讓牠習慣醫院。尤其是恐懼心強的狗狗，不妨請醫院人員或是獸醫師協助，當路過時，請他們餵狗狗吃零食，或是在可以的情況下撫摸狗狗等，效果都不錯。

基本

前往動物醫院時的準備

天有不測風雲。平日就要做好準備哦！

一定要為狗狗配戴牽繩

生病時會變得比平常敏感，容易興奮。牽繩、項圈要避免脫落地配戴好，如果裝得下的話，提袋也要帶去。

如廁用品組、玩具和零食都是必需品

尿便墊和大小便失禁時用的清理用品組、愛犬喜歡的玩具或零食等，如果有能讓牠安穩下來的東西也要帶去。

基本

在候診室等候的方法

候診室裡會遇見其他的寵物，請注意避免發生糾紛。

讓愛犬在腳下或膝蓋上、提袋中等待

如果會趴下，就短短地握住牽繩，讓牠趴在腳下處，臉的方向要避免與其他狗狗面對面；如果顯得坐立難安，就用抱的或是放進提袋中。請不要讓狗狗直接坐在椅子上。

不要讓狗狗接近其他寵物

為了預防疾病的傳染，請不要讓寵物們彼此接近。還有，疾病也可能會透過飼主傳染，因此飼主也應避免和其他寵物接觸。

MEMO

安穩的狗狗也可做等待、趴下的練習

如果愛犬顯得安穩，不妨在等待時間實踐一下平常就在練習的動作。當別的患者進入時，如果愛犬想動，就發出等待的指令；愛犬若不為其他狗狗所動，能夠安靜地等待時，就稱讚牠，教導牠在醫院不可以騷動的規則。

注意！

注意大小便失禁、做記號

進入動物醫院前一定要先讓狗狗排泄。等待時間如果顯現出想排泄的樣子，就帶到外面，讓牠排泄在尿便墊上。這個時候，最好請教動物醫院的人員，詢問可以在哪邊上廁所。狗狗隨地便溺或做記號時，也別忘了做清理並告知醫院人員。

學會「過來」後才可前往狗狗運動場

愛犬的個性是否能夠享受狗狗運動場的樂趣也是要點

能夠在無牽繩狀態下玩耍的狗狗運動場，不僅是運動的場地，也是狗狗能夠彼此交流的有意義場所。不過，請不要為了讓膽小的狗習慣其他狗狗而帶牠前往，這樣只會強化牠對其他狗狗的恐懼心理而已。

還有，在迴避糾紛上，學會「過來（▼108頁）」等也是必要的。因為是和平常不同的環境，所以即使是已經學會的訓練，也有崩盤的風險。請充分考慮愛犬的性格和訓練的進行狀況吧！

HOW TO

初次前往狗狗運動場前的預習方法

STEP 1

眼神接觸 ▶88頁　坐下 ▶92頁　坐下→等待 ▶96頁　過來 ▶108頁

先熟練上面4項訓練

如果無法做好基本訓練，在狗狗運動場上就無法控制愛犬。請先在家裡進行練習。

STEP 2

戶外也要進行訓練

在家中做好訓練後，接著到刺激較多的戶外進行練習，讓牠習慣。最初從沒有人的公園開始，逐漸往人或狗狗較多的場所提升等級。

STEP 3

在狗狗運動場也進行平日的訓練

不管是在狗狗運動場的外面還是裡面，都要同樣進行**STEP1**和**2**的基本訓練。如果能讓愛犬產生「和平常練習一樣」的印象，就能大大預防在狗狗運動場的暴衝及興奮狀態。第一次先在一大清早等沒有人的時間前往，再慢慢升級到入場狗狗較多的時間。

point!

進行就算在玩耍也一定要回來的訓練

當愛犬玩得正高興時，使用特別的零食，進行「過來」的喚回練習，讓牠學習到「回來就有好事」、「就算回來還是能和其他狗狗玩」。指示「過來」→回來就稱讚並給予零食→穩定下來後指示「坐下→眼神接觸→OK」，然後再讓牠繼續玩。

基本

狗狗運動場上的禮貌和必需的教養

飼主應好好掌控愛犬，以預防意外和糾紛的發生。

在狗狗運動場裡，視線不可離開愛犬

進入狗狗運動場後，先握著牽繩讓牠走一走。等愛犬穩定下來後，指示其「坐下→眼神接觸→OK」，並解下牽繩。

要在狗狗運動場外面上廁所

由於狗狗一興奮就容易排尿，所以在進入狗狗運動場前請先讓牠上過廁所。選擇人狗較少的場所，讓狗狗在尿便墊上排泄才是禮貌。

在柵門邊狗狗較稀少的時候入場、退場

柵門附近往往聚集好奇心旺盛的狗狗。為了預防狗狗脫逃或是變得興奮，入退場的時機請斟酌在狗狗較少的時候。入場前先讓愛犬「坐下→等待」也可抑制愛犬的興奮度。

事先確認狗狗運動場的利用規則 注意！

不能使用玩具、食物、長牽繩

玩具和食物會成為打架的原因，長牽繩則會造成意外，所以有些設施是禁止使用的，請先做確認。

生理期前後1個月不要入場

請不要讓生理期前後1個月的雌犬進入狗狗運動場。造成雄犬興奮是引起糾紛的原因。

完成疫苗接種

必須接受過狂犬病疫苗、混合疫苗的注射。有些設施必須提示接種證明。

學會如廁教養和基本訓練後才能前往狗狗咖啡店

要確定愛犬在咖啡店是否能夠輕鬆自在

最近可以帶著狗狗進入的咖啡店和餐廳越來越多了。就算店家方面允許狗狗陪同，但因為是帶往經營餐飲業的場所，為了遵守禮儀好讓愛犬能夠衛生地度過，完成基礎訓練是必要的條件。除此之外，最重要的是愛犬在該場所是否能夠放鬆。把不喜歡長時間安靜不動的狗狗硬是帶去狗狗咖啡店，這樣狗狗就太可憐了。狗狗咖啡店並不是社會化訓練的場所，請把它做為是讓愛犬和飼主都能輕鬆享受的地方吧！

check! 檢查愛犬的程度是否可以前往狗狗咖啡店！

□ **已經習慣其他人或狗狗**

有地盤意識、客人一來就吠叫的狗狗和膽小的狗狗，都還不到帶往狗狗咖啡店的階段。先讓牠習慣外面的社會，弄清楚是否真的可以前去後再說。

□ **不吃人吃的食物**

平常在家就會要求飼主分享食物的狗狗，在外面也同樣會吠叫索求，打擾到他人。從平常開始就要養成習慣，不要給牠人吃的食物。

□ **已經完成如廁訓練**

為了避免在店內排泄，進入店家前必須先讓狗狗排泄完畢。先做好如廁訓練，讓牠在外面也能夠在尿便墊上排泄。

□ **能夠做好眼神接觸、等待、趴下**

必須先熟練看向飼主的「眼神接觸」或是制止動作的「等待」。從平常就要練習，讓愛犬能夠自行採取在狗狗咖啡店的基本姿勢：在飼主腳邊趴下。

MEMO

前往咖啡店前先讓牠運動也不錯

就算是已經完成訓練的狗狗，在第一次前往的場所還是會坐立不安。為了告訴愛犬「去狗狗咖啡店是在休息」這件事，最初的期間，在進入咖啡店之前就先讓愛犬充分運動，使牠感到疲累，應該會比較容易進行。

基本

在狗狗咖啡店中的禮儀

請注意避免因為衛生方面或是吠叫聲等而讓周圍的人感到不悅。

嚴禁在店內排泄！

絕對禁止飲食場所中的排泄。愛犬一出現如廁信號，就要迅速帶到外面去，讓牠在尿便墊上排泄。

不要給牠人吃的食物

不只是在衛生方面不好，一旦嘗到甜頭後，可能會「我還要、我還要」地興奮起來，因此請絕對不要給予。

讓狗狗待在腳下處

不讓狗狗坐在椅子上是基本禮貌。讓愛犬待在椅子下方或是腳下處等待，以免妨礙通行。並且要為牠準備可以安穩下來的狀態，例如鋪上地墊、放入提袋中等等。

一旦吠叫就帶到外面

為了讓愛犬穩定下來，也為了避免引起店內其他狗狗的興奮，一旦吠叫就要帶到外面。徹底施行這個動作，教導愛犬這裡是禁止吠叫的場所。

配合愛犬的狀態來準備物品

地墊和水、牛皮骨之類耐久啃的零食、如廁用品等都是必需品。配合愛犬的狀態來做準備也是一種禮貌，例如掉毛多的換毛期要準備衣服、容易流口水的狗狗則要準備口水擦拭巾等。

point!

在咖啡店中不下指令，教導狗狗要安靜地等待

當愛犬放棄，自發性地冷靜下來時就要稱讚牠。

就算愛犬吵鬧，也要視而不見。

一旦發出指令，就要進行解除，這是訓練的規則。不過，如果在咖啡店中指示狗狗「趴下」，當飼主熱衷於飲食或談話時，可能還未解除指令，狗狗就不做趴下的姿勢了。因為這樣會變成訓練的阻礙，所以在咖啡店時請不要對狗狗下達指令，而是要教導牠「當飼主休息的時候，自己也要休息」這件事。

購物中心

在購物中心的禮儀
應配合沒有養狗的人

購物中心對狗狗來說是有刺激性的場所

五顏六色的展示、陳列擺放的商品、輕快的音樂加上人的聲音……一進入購物中心，很容易會被周圍的氣氛所帶動，心情也跟著興奮起來。人們尚且如此，不難想像對狗狗來說是相當具有刺激性的場所。車子的引擎聲和自動門、突然響起的店內廣播等等，裡頭充滿著讓狗狗害怕或是引起恐慌的要素。如果要帶狗狗前往購物中心，請先確認愛犬是否能夠承受這樣的刺激後再說吧！

不適合前往購物中心的狗狗是？

對於吻合以下項目的狗狗來說，購物中心是很難熬的場所。
請讓牠留在家裡看家吧！

- □ 有吠叫的習慣
- □ 不習慣其他人或動物
- □ 尚未完成如廁訓練
- □ 對聲音敏感
- □ 容易興奮
- □ 容易害怕

注意！

不可以只留下狗狗，自己去購物

因為愛犬在店內會興奮，就獨留牠在車子裡，或是讓牠在店外等待……這樣是違反教養規則的。可能會發生意外或被人誘拐等，對狗狗來說也是很危險的。帶狗狗出門的規則是：既然帶去了，就要一起行動；如果無法一起行動，就不要帶去。

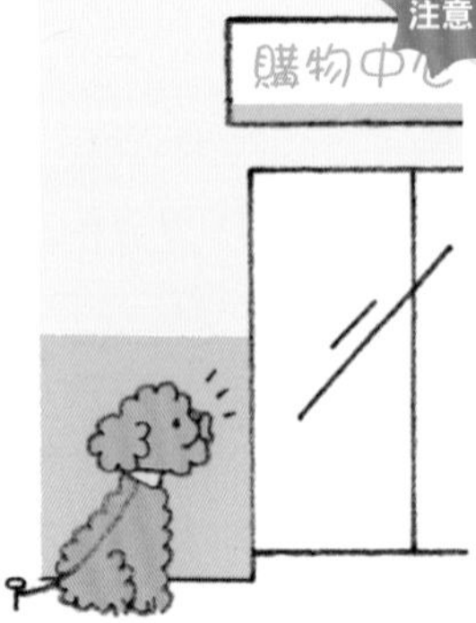

購物中心是要求飼主需要一定禮儀的場所

和其他狗狗與其飼主聚集的狗狗運動場或狗狗咖啡店不同，購物中心是各種人都會利用的場所。在怕狗的人或是少有機會接觸動物的人之中，或許有些人會對購物中心內有狗狗這件事感到不快。請充分理解購物中心「並不是為狗狗設置的」這件事，注意不要讓狗狗在室內行走、衛生方面也要特別用心等，避免帶給周圍的人不快的感覺。

「只是稍微……一下，應該沒關係吧！」像這種鬆懈很可能會帶來糾紛，導致賣場禁止狗狗同行。如果要帶狗狗到公共場所，就要比平常更加繃緊神經，當作是攜狗範本般地注意行動。

基本

在購物中心的規則和禮儀

為了不減少可以和狗狗行動的場所，請確實地遵守規則吧！

1 先確認寵物陪同的規定

即使是「寵物陪同OK」的商店，大多數也都會限制可以行動的場所。除此之外，也可能會規定一定要利用手推車，或是附帶必須要完成疫苗接種的條件等，依照各個設施而有不同的規定，請事前先做確認。

2 避開人多的地方和食品賣場

不進入食品賣場和美食街等經營食物買賣的場所是禮貌。即使沒有禁止，也該當作常識來遵守。此外，人多的場所容易招致狗狗興奮，所以避開才是聰明的做法。

3 注意清潔

進入店內之前，先讓狗狗排泄，預防隨地便溺或做記號。另外，換毛期等在意脱落毛的時候，請採取讓狗狗穿上衣服、不讓牠從提袋裡出來之類的應對方法。

4 移動以使用犬用手推車或狗籠為理想

店內的狗狗對待方式，會依照設施而有不同的規定。有些店家僅允許大型犬配戴牽繩步行，也有些店家不准狗狗步行但可以用抱的。不過，為了避免糾紛，使用犬用手推車或狗籠、提袋來移動是最理想的。使用一般手推車時，注意不要讓狗狗的身體探出來，並且要將掉落的毛清潔乾淨後再歸還。

如果要帶愛犬去旅行，基本教養必須做到完善

從近處的旅行開始讓狗狗逐漸習慣

在遠離日常的旅行地，難免會有意想之外的麻煩。平常不會隨地便溺的愛犬，因為飲食或如廁的時間不同而失禁，或是對聽不慣的聲音加強警戒心而整日吠叫……為了避免這樣的情形發生，最重要的是，狗狗和飼主都要習慣旅行這種不同於日常的情況。剛開始時不要勉強，從當天來回的旅行開始吧！等到能夠享受旅行的樂趣後，再慢慢提高等級。由於飼主的緊張也會傳染給愛犬，所以訂定充裕的計畫，就是成功享受旅行樂趣的關鍵。

基本

旅行必需的教養

要預防在旅行中的麻煩，有賴平日的訓練。

1 如廁訓練

要預防旅行中的大小便失禁，飼主估計時機提早讓愛犬排泄是重點。最好從平常開始，排泄時就對愛犬發出一定的吆喝聲，讓牠能在飼主的指令下排泄在尿便墊上。

2 籠內訓練

如果已經教過愛犬「狗籠裡是可以安心的場所」，那麼即使環境改變，依然能夠安穩地度過。尤其是對環境變化或是聲響較為敏感的狗狗，平日就要將狗籠當作狗屋使用，讓牠習慣。

3 獨自等待的練習

吃飯或洗澡等要和愛犬分開時，這就是必要的練習。即使是在家中能夠獨自看家的狗狗，在不同的環境中看不到飼主，還是可能會在不安的驅使下不斷吠叫。從平常開始，就要先讓牠習慣獨自等待。

4 讓牠習慣社會的練習

在旅行中會接觸到各種不同的聲音和氣味。在住宿處也可能會和其他動物擦身而過。對於初次看到的事物、感覺到的事物過度反應會成為麻煩的原因，所以從平日開始，就要用心讓牠習慣社會。

即使是寵物ＯＫ的住宿處，禮儀還是很重要

即使是可以攜帶寵物同行的住宿處，也有各種不同的類型。例如，有的住宿設施是「以攜帶寵物的客人為主」，也有的是「以普通客人為主，但攜帶寵物也ＯＫ」。初次攜帶寵物旅行的人，建議選擇前者類型。不過，這也不代表因為客人大多有帶寵物，就可以放任狗狗自由。因為聚集了許多其他的動物，所以預防狗狗彼此打架或鬧出糾紛的禮儀是必要的。

不管是哪一種，飼主在住宿處能夠確實控制愛犬的行動是很重要的。就算是已經習慣旅行的狗狗，由於每次停留的地方和遇見的人、動物都不一樣，所以無法確定哪種因素會成為引起糾紛的導火線。絕對不能粗心大意。

基本

在住宿處的禮儀

要點是不造成其他人的困擾，也不要讓愛犬感到不安。

在大廳或走廊等公共空間時

為了避免和其他動物之間的糾紛，移動時要抱著或是放入狗籠中，比較安心。不管哪一種情況，都必須戴上牽繩。走路時要短握牽繩，讓狗狗走在牆壁側。當狗狗好像要興奮起來時，就想辦法用零食等轉移牠的注意力。在大廳或公共空間讓狗狗等待時，基本上要以在下一個行動出現之前有個緩衝的趴下姿勢，讓狗狗待命。

在客房時

狗狗在初次來到的陌生場所會變得不安穩而容易大小便失禁。進入客房後，請立刻決定狗狗如廁的場所，讓牠排泄，之後則要經常催促牠上廁所，以預防隨地便溺。還有，客房內要劃出一個狗狗專屬的區塊，不要讓牠坐在床鋪或沙發上面。剛開始時，準備「附庭院獨棟狗屋（▶45頁）」的整套設備，最讓人安心。

＼ 戶田馴犬師為大家解答！ ／

關於狗狗教養的常見問題2

搬了家之後，原本會做的事全都不會了……

搬家等環境的變化對狗狗來說是很大的壓力

因為環境改變的不安，造成以前會做的事現在變得完全不會的案例出乎意料地多，發展成吠叫等問題行為的情況也不少。如果要搬家，最理想的情況是，讓狗狗習慣新居以後再搬過去。不要在打好新居的契約後立刻搬家，先在搬家之前帶狗狗到新居去幾次，在那裡給牠零食或是陪牠玩，讓牠產生「這裡是安全又有趣的地方」的印象，真正搬家時才不容易發生問題。

我聽說如果要養狗的話，最好能加入個人賠償責任險……

愛犬的行動引起意外事故時的保障

在狗狗運動場上，狗狗彼此打起架來，讓對方的狗受傷了……散步時，受到什麼驚嚇的愛犬突然吠叫起來，使得被狗吠聲嚇到的行人跌倒受傷了……等等，意想不到的意外總是會突然發生。就像這樣，當寵物致使他人受傷，或是破壞了他人的所有物時，能夠補償做為支付給對方的賠償金或是訴訟費用的就是「個人賠償責任險」。做為火災保險、損害保險、汽車保險的特約品項，或是寵物保險裡也有品項可購買，加入的話比較讓人安心。

狗狗的幸福是什麼？

和飼主的幸福是表裡一體的

如果有美味的飲食、舒適的住處、適當的運動，還有飼主的關愛，狗狗應該就非常幸福了吧？重要的是，要找出散步或遊戲等讓狗狗歡喜的事，然後為牠實現那些事。另外，飼主是不是每天都過著幸福的生活也很重要。因為飼主的精神狀態如果不穩定，狗狗也會覺得不安；反之，狗狗如果有問題行為，飼主也會感受到壓力，所以一有問題就要加以解決才行。

PART 5

現在就想讓它
立刻停止！

愛犬常見的「困擾行為」解決法

吠叫或是舔咬等，身為飼主，相信誰都免不了為愛犬1、2個讓人困擾的行為傷透腦筋。在此要介紹44件「讓人困擾」的案例和解決的方法。

常見的困擾！

如廁

不在固定場所如廁是很自然的事

想讓愛犬學會如廁，最重要的是「不要斥罵」。因為只要一斥罵，愛犬就有躲起來如廁的風險。狗狗本來就沒有在固定場所排泄的習慣。在完全熟練如廁訓練之前，就算在廁所以外的地方排泄了，也是沒有辦法的事。請認為愛犬是沒有惡意的，重新加以訓練吧！做記號和食糞對飼主來說也都是棘手的問題，不過這也是出自於狗狗本能的行動。絕對不加斥罵，有耐性地處理才是解決問題的捷徑。

狗狗能夠忍耐排泄的時間

成犬之後，就能夠某種程度地控制排泄了，不過在出生後滿6個月前，最多也只能忍耐「月齡＋1小時」的程度而已。請估計狗狗排泄的時間來進行如廁訓練吧！

排泄的時機

- 睡醒時
- 喝水後
- 用餐後
- 遊戲後
- 興奮時
- 從狗屋出來嬉鬧後

如廁INDEX

如廁

沒有看著牠時就會失敗

尚未學會如廁的期間，失敗的責任在於飼主，而不在狗狗。無法看著牠的時候，請把牠關入圍欄裡。

發生失敗，表示還沒有完全學會如廁。在學會如廁之前，飼主必須經常管理愛犬的排泄。因此如廁訓練中的大小便失禁，請視為是飼主的失敗。

基本上，在如廁訓練的期間，如果無法看著狗狗，就要將牠放入全面鋪上尿便墊的圍欄裡，營造不會失敗的環境。然後，在可以看著牠的時候進行如廁訓練（▼57頁）。另外，失敗了也不要斥罵，因為就算斥罵，愛犬也不解其意。還是安靜地迅速清理乾淨，在愛犬沒有看見的時候將氣味消除吧！

處理的重點

放入地板全面鋪上尿便墊的圍欄裡

無法看著狗狗的時候，把狗狗放進圍欄裡是基本，不過，也要將圍欄變成適合如廁訓練的地方才行。首先，圍欄的面積要盡可能大一些，將整個地板面鋪滿尿便墊。在角落放置狗籠，將該處做為狗屋。因為一從狗屋出來就全是尿便墊，所以不管在哪裡排泄都不會失敗。

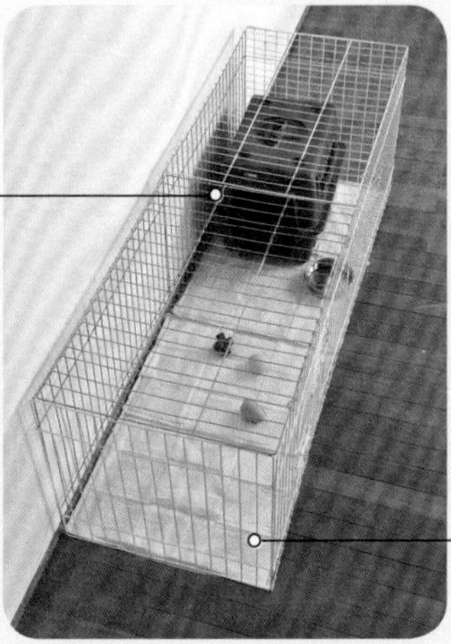

放置狗籠

在狗籠裡放入毯子等，讓狗狗可以在裡面睡覺。也要讓狗狗在裡面吃東西，讓牠記住「狗籠是睡覺兼吃飯的地方」。

遠離狗籠排泄

狗狗有不弄髒睡鋪或飲食場所的習性，所以會遠離狗籠進行排泄。每次都在相同的地方排泄，久而久之就會逐漸將該處視為廁所。如此一來，就可將狗狗不會在上面排泄的尿便墊拿掉，進階到基本的「附庭院獨棟狗屋（▶55頁）」。

如廁

排泄到廁所外面了

要這樣解決！

狗狗是打算在廁所裡排泄的。請整理好如廁環境，讓牠的屁股不會超出範圍吧！

就算屁股超出廁所範圍了，但愛犬原本是打算在固定場所好好排泄的。因為牠已經理解如廁場所這件事了，所以請為牠整理好不會排泄到外面的如廁環境吧！

首先，請檢查現在使用的尿便墊是否適合愛犬的體型。狗狗在排泄前有打轉的習性，所以尿便墊必須要有某種程度的大小。就算是小型犬，也要選擇大尺寸（約65㎝×約45㎝）的尿便墊。也可以預先在尿便墊下面鋪上防水墊等，即使稍微超出範圍也沒有關係。

處理的重點

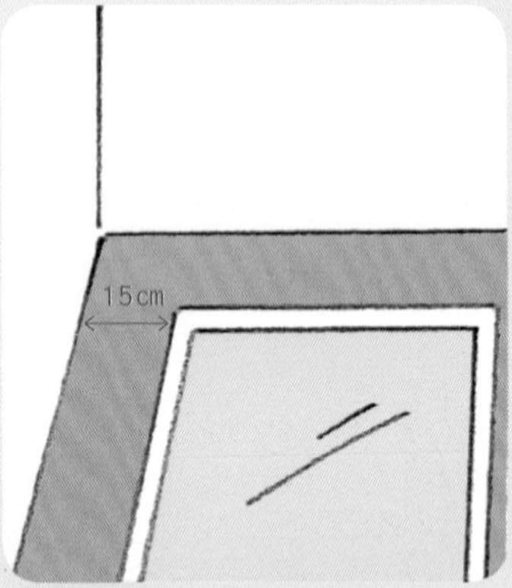

讓廁所稍微遠離牆壁看看

廁所如果緊貼著牆壁，排泄的時候，牆壁過度逼近臉部，狗狗為了要避開，可能就會讓屁股超出廁所的範圍。請將尿便墊放在距離牆壁至少15㎝左右的地方。

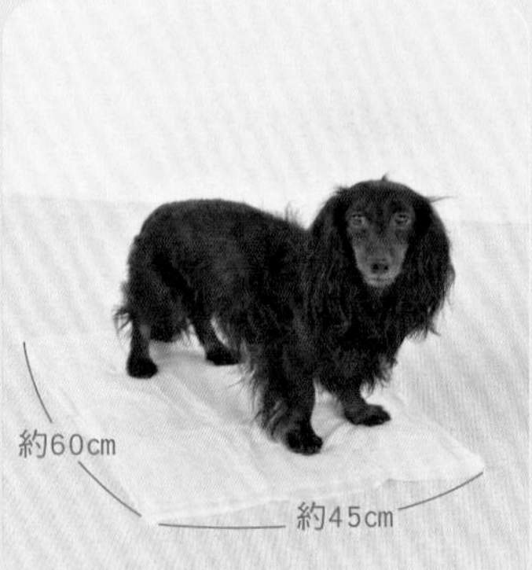

小型犬也要使用大尺寸的尿便墊

小型犬通常會使用正規尺寸的尿便墊（約45㎝×約30㎝），不過只要改成大尺寸的，或許就能改善排泄在尿便墊外面的問題。

如廁

一看到家人回來就漏尿

狗狗太過興奮了。回家的時候，請注意要冷靜應對。

最喜歡的飼主回到家，愛犬當然會歡喜興奮了。在幼犬時期，尤其是控制排泄的肌肉等尚未發達的關係，可能會發生漏尿的情形。也就是「興奮漏尿」。

興奮漏尿的興奮，大多是因為飼主的應對方式所引發的。「我回來了～！今天有乖嗎？」等誇張的招呼會煽動狗狗的興奮情緒，所以請不要這樣做。還有，就算愛犬興奮漏尿了，不慌張地冷靜處理也很重要。這是要避免讓牠誤以為「小便就會受到歡迎」的關係。

訓練！

〔改變回家時的招呼方式！〕

回家時，狗狗如果顯得興奮就視而不見

愛犬如果顯得興奮，就當作沒看見。漠視可以抑制愛犬的興奮。如果還是興奮漏尿了，也不要有所反應。

等狗狗冷靜下來再面對牠

等愛犬冷靜下來後再出聲招呼。教導牠「不是在興奮的時候，而是在安穩下來的時候才能獲得逗弄」。

如廁

會在玄關踏墊上排泄

容易和廁所弄錯的地墊類，在狗狗完全學會如廁前請勿使用。

若從愛犬的角度來看，會覺得「這裡不就是廁所嗎？」。因為從地板材變成地墊的感覺，和從地板材變成尿便墊的感覺是很類似的。在還會弄錯的階段，請先將玄關踏墊收起來吧！不只是玄關踏墊，還有廚房踏墊和浴室踏墊也都一樣。起居室的粗毯踏墊也是由地板材轉變成粗毯素材，同樣會導致愛犬弄錯。如果要鋪，就要使用鋪滿整個房間的地毯。但是，長毛或是線圈狀的地毯很可能會讓狗狗鉤到趾甲，或是咬著玩，還是選擇短毛的吧！

如廁

只會在家裡上廁所

總有一天會在外面上廁所的，請耐心等待吧！但是要注意散步後的失禁。

在還沒有習慣散步的幼犬時期，因為對外面的世界興趣濃厚，所以是「現在可不是尿尿的時候！」的心情。如果到了成犬仍然不在外面上廁所，應該就是非常膽小吧！這是因為狗狗內心有「在外面上廁所可能會遭到攻擊」的強烈不安的關係。不過只要累積散步的經驗，總有一天會在外面上廁所的，所以就有耐心地等待吧！

可是待在外面的時間一長，就經常得要忍耐排泄。可能散步後一回到家就失禁了，所以回家後要先讓牠進入圍欄裡，沒有排泄之前不要讓牠出來。

如廁

只會在外面上廁所

要這樣解決！

長年下來都只在外面上廁所的狗狗，就要將廁所打造成好像在外面如廁的感覺來進行練習吧！

如果不在家裡排泄的日子還不長，可以利用「附庭院獨棟狗屋（▼55頁）」再度進行訓練。如果這樣已經好幾年了，突然想讓牠在家中的廁所排泄，大多數的狗狗都會忍耐，所以請打造出氣氛如同在戶外的廁所，重新進行練習吧！首先，要在陽台或庭院、車庫等自家的空地內打造鋪上尿便墊的廁所。在愛犬想排泄的時段帶牠去上廁所，如果排泄成功就稱讚牠，帶牠去散步。持續進行，愛犬就會學習到「尿便墊的觸感＝排泄」，如此一來，就可以在室內的「附庭院獨棟狗屋」進行訓練了。

處理的重點

在屋外打造廁所，營造出在外面排泄的氣氛

如果有小陽台，就在陽台鋪滿尿便墊。如果有大陽台或庭院、車庫等，可以用圍欄圍起來，在裡面鋪滿尿便墊。

! 僅限沒有摔落之虞的陽台才可使用。

1、2的信號

排泄中，如果出聲說「1、2」做為如廁的信號，有些狗狗以後只要聽到信號就會變得想要排泄。

也有放置尿便墊立桿的方法

將尿便墊的正面朝外，包覆在裝滿水的寶特瓶外，放置在廁所的中央。有些狗狗會因為這樣有電線桿的感覺而對著它排泄。

試著放上草或泥土

可以呈現出更像戶外的感覺。

沾附其他狗狗的小便

在尿便墊上沾附其他狗狗的小便，有些狗狗就會因為要做記號而排泄。

如廁

會在房間裡到處小便

做記號是狗狗的本能，所以很難預防。大致說來，只要施行去勢手術就能解決問題。

雄犬會為了誇耀勢力範圍而做記號。出生6～7個月後，如果頻頻在各處小便，將後腳抬起來噴尿的話，就是在做記號。這對狗狗來說是本能的行動，很難加以預防，但只要儘早施行去勢手術，大多就能解決這個問題。如果沒有施行去勢手術，或是罕見的會做記號的雌犬時，最好的方法就是不要讓狗狗進入不想讓牠隨處便溺的房間。還有，在牠快要小便的時段帶牠去廁所，如果排泄了，就稱讚牠；即使發現愛犬做記號了，也請不要大聲嚷嚷，徹底實行默默收拾的處置方式吧！

處理的重點

徹底除臭

如果殘留氣味，就很可能會受到刺激，再次於該處做記號。不讓愛犬看見地進行除臭，以免牠執著於該場所。

無法看著時，要將狗狗放進附庭院獨棟狗屋

無法看著愛犬的行動時，請將牠放進附庭院獨棟狗屋（▶55頁）裡。不要讓牠增加在廁所以外的地方排泄的經驗。

雄犬可以考慮去勢手術

如果是雄犬，在1歲前施行去勢手術，似乎就能解決做記號的問題。就算成犬後也還來得及。請詢問獸醫師，檢討一下是否該進行手術，也是一個方法。

在廁所排泄時，要用超越以往的稱讚來強化

若能讓愛犬在廁所充分排泄，就可減少做記號的受害情況。如果愛犬在廁所排泄了，就要比以往更誇張地稱讚，讓牠認為「在廁所排泄就會發生好事情」。

如廁

會吃自己的大便

勤加收拾為第一。原因也可能是狗狗想要打發時間或是引起注意力，所以增加散步或遊戲的時間也是一個方法。

食糞的行為大多會隨著成長而逐漸消失，不過也可能是因為身體有營養（礦物質）不足或是寄生蟲等問題所導致的。還是先找獸醫師商量吧！

此外，排泄物一直在那裡也會導致食糞行為，所以勤加收拾乾淨也是很重要的。如果愛犬排便了，就用零食做為交換，迅速將糞便處理掉。有時狗狗可能是被糞便中殘留的狗糧氣味吸引而食糞，所以更換狗糧也是一個方法。也有可能是為了打發時間或是引起家人注意力而食糞，所以不妨增加散步或遊戲的時間。

處理的重點

用零食交換，將糞便清理乾淨

一排泄就給牠零食，趁這段期間將糞便清理乾淨。反覆這樣做，愛犬會認為一排便就能吃到零食，於是就會不吃糞便，轉而過來討零食。之後再逐漸減少給予的次數，改為偶爾給予即可。

就算發現狗狗食糞也不要驚慌失措

如果飼主慌慌張張地想要清理糞便，狗狗可能會在情急之下把它吃掉以免被拿走。還有，當牠正在吃的時候，如果遭到飼主斥罵或是大聲嚷嚷的話，狗狗可能會誤以為這樣很受歡迎而造成情況惡化。

BOW WOW

吠叫

常見的困擾！

吠叫的原因主要是「要求」或「警戒」

狗狗會在各式各樣的場合吠叫，其原因大多來自於「要求」或「警戒」。處理方法依原因而異，所以最重要的就是要弄清楚原因，知道愛犬是針對什麼而吠叫的。

對著飼主或是家人吠叫時，首要原因是「要求」。如果愛犬對著自己吠叫，通常都是「我要吃飯」、「跟我玩」等等有什麼索求的情況。如果不是這樣，則大部分都是因為「警戒」而吠叫。例如為了闖入地盤的入侵者、吸塵器或吹風機等害怕的東西、想要驅趕陌生人或其他動物等而吠叫。

比較容易吠叫的犬種

一般認為獵犬類的臘腸犬或米格魯、牧羊犬類的喜樂蒂牧羊犬等是比較容易吠叫的犬種。

吠叫的原因和處理法

要求▶ 漠視，等狗狗平靜後再讓牠如願

對於要求，絕對不能回應，要徹底漠視。等愛犬平靜後，再達成牠的願望，讓牠明白就算吠叫也無法如願。

警戒▶ 消除原因，把該原因做為發生好事情的信號

把消除原因放在第一。如果沒有辦法，就讓該原因成為發生好事情的信號，讓愛犬慢慢習慣。

吠叫INDEX

BOW WOW
吠叫

無法矯正夜嚎

夜嚎也是索求吠叫的一種。完全漠視，讓狗狗學習到這麼做是沒有用的，就一定能夠矯正。

夜嚎的原因是來自於「放我出來」、「逗我玩」等要求。不管愛犬如何嚎叫，都不要理睬，只要讓牠學習到嚎叫並無法讓牠如願，就一定能夠矯正。但是，如果中途無法堅持而回應牠的話，只會帶來反效果。「只要持續嚎叫，主人就會逗我」──這樣將使得夜嚎更加惡化。重點在於不斥罵，也不要過去察看，完全漠視不加理睬。最好能先向鄰居說明情況，獲得理解。如果不理睬的做法有困難，也可以在熟練進屋訓練（▼116頁）後，讓愛犬進入狗籠中，放在臥室裡一起睡。

處理的重點

不能中途舉白旗，要漠視到狗狗放棄為止

請完全漠視，直到愛犬停止嚎叫為止。前去察看情況、對牠說話、斥罵等會讓愛犬以為「只要嚎叫就能獲得逗弄」，反而會使情況惡化。規則是，既然要漠視，就要做得徹底。

將狗籠放在臥室裡一起睡

熟練進屋訓練後，也可以讓牠進入狗籠裡，和家人睡在同一個房間。如果開始嚎叫後才將狗籠帶到臥室，會讓愛犬誤以為要求如願了，所以一開始就讓牠在臥室裡睡覺吧！

BOW WOW

吠叫

想散步或遊戲時就會索求吠叫

只要能貫徹完全的漠視，一定能夠改善的就是索求吠叫。絕對要堅持下去！

讓愛犬停止索求吠叫的方法只有一個，就是完全的漠視。只要能做到完全不加理睬，愛犬一定會放棄。要避免的就是中途認輸。這樣會讓牠認為「只要一直叫就能如願」，而使得情況變本加厲。

只有停止吠叫才能如願，但這時必須清楚掌握愛犬是否真的放棄了。如果在牠叫到一半稍微喘口氣的時候讓牠如願，就會招致和中途認輸相同的結果。大部分的情況，當狗狗放棄時都會採取趴臥姿勢。待愛犬做出這種姿勢後再稱讚牠看看，如果仍然顯得平靜，就在發出什麼指令之後讓牠如願吧！

處理的重點

吠叫時要徹底漠視

當愛犬希望你跟牠玩地吠叫時，不要看牠也不要斥罵，完全不加理睬。讓牠學習到用吠叫的方法是無法如願的。

變安靜後就稱讚牠

如果停止吠叫，安靜下來的話就稱讚牠。更進一步沉穩下來後，發出「坐下」等指令，如果愛犬做到了就稱讚牠，讓牠如願。

訓練！

〔在狗狗放棄前請徹底漠視牠〕

吠叫時不要理牠

當愛犬要求「讓我從圍欄裡出來」地吠叫時，就漠視不加理睬。

安靜下來了就稱讚牠

如果停止吠叫了，就用不會引起愛犬興奮的沉穩聲音稱讚牠。

如果再次興奮起來，就再度漠視

只要有一點點不沉穩，就是還沒有放棄的證據。請再度漠視牠。

待完全沉穩下來後就稱讚牠

如果完全沉穩下來，呈「趴臥」姿勢的話，就對牠說話。

確認就算加以稱讚牠也能保持沉穩

確認愛犬是否完全沉穩。如果再度興奮起來，就回到步驟3。

能夠遵從指令後才讓牠如願

發出「坐下」等指令，讓牠遵從。實踐這個步驟，教導牠不是在停止做壞事的時候，而是在做了好事的時候才能如願。

BOW WOW

吠叫

會對著窗戶外面吠叫

要這樣解決！

整理環境，讓愛犬無法看見來往行人或其他狗狗等介意的東西。

狗狗應該是在警戒往來於家門前的人和車，想要驅趕而吠叫的吧！當牠看著人們逐漸通過，就會認為「是我把他們趕走的哩！」。想讓愛犬停止這種行為，首先就要整理成無法看見外面的環境。最簡單的方法是拉上窗簾，如果無法完全緊閉，也可以試著在陽台或庭院設置隱蔽的花園圍牆。

如果是針對上下學途中的孩童或宅配車等，吠叫對象明確，而且知道該對象出現的時段的話，在該時段出門散步也是一個方法。也可以讓牠待在別的房間，給牠食物或益智玩具等，讓牠樂在其中。

處理的重點

在吠叫時段帶到別的場所

如果知道吠叫對象出現的時段，可以帶愛犬出去散步，或是在其他房間進食，做些能讓牠沉迷其中的活動。

設法將室內整理成不讓狗狗注意到外面的環境

拉上窗簾，讓愛犬看不到外面。如果無法完全緊閉，在陽台或庭院設置遮蔽的花園圍牆也是個方法。

BOW WOW

吠叫

門鈴一響就吠叫

有耐性地進行讓狗狗習慣門鈴聲的練習。避免煽起狗狗興奮地平穩接待客人也很重要。

如果不先在幼犬時期進行教養（▼72頁），讓狗狗對門鈴響起也不做反應的話，大多數的狗狗將來都會出現吠叫的情形。首先要留心的是，飼主要平靜穩重地接待來訪的客人。大聲喊「來了～」，急急忙忙跑到玄關應門，這些行為會更加煽起愛犬的興奮情緒。如果門鈴響起愛犬就開始吠叫的話，可以採取將牠隔離到其他房間，儘量減少刺激，避免讓牠一直吠叫之類的對策。同時也要耐心地進行讓愛犬習慣門鈴聲的練習。這個時候，如果將門鈴聲更換成完全不同的聲音，也可以提高效果。

訓練！

〔讓狗狗習慣門鈴聲〕

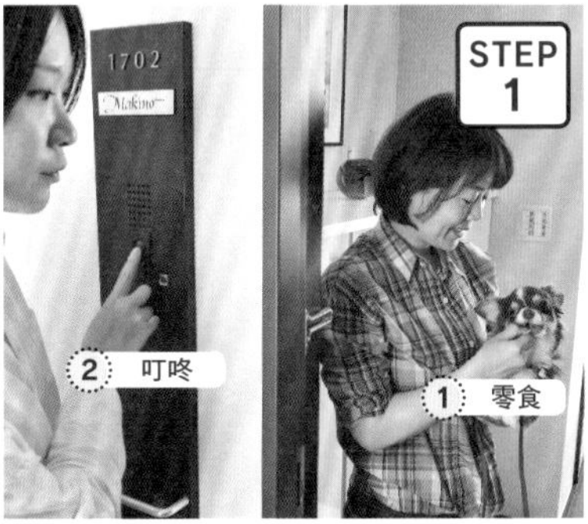

讓狗狗習慣聲音的練習

在玄關處讓愛犬吃耐咬的零食，由家人按門鈴。趁牠吃零食吃到忘我的時候讓門鈴響起，並且讓牠看見家人按門鈴的情形，以消除對聲音的恐懼心理。

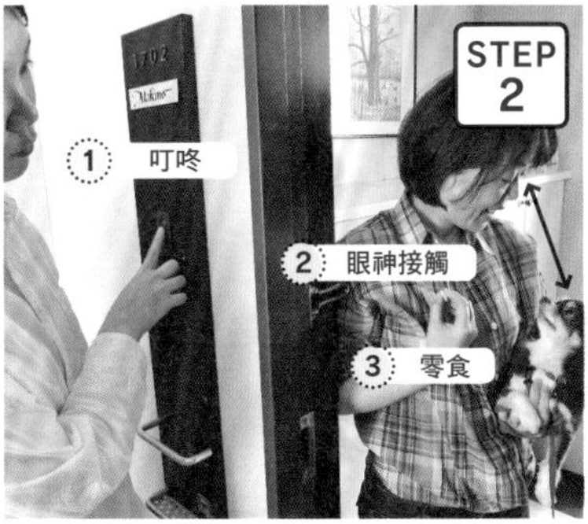

門鈴一響起就看向飼主的練習

習慣STEP 1之後，由家人在玄關處按門鈴，讓愛犬做眼神接觸（▶88頁）。如果做到了，就稱讚牠，給牠零食。反覆練習，讓愛犬學習到「如果門鈴響起時看向飼主，就可以獲得零食」。

BOW WOW 吠叫

家人要外出時，會跟在後面吠叫

不管狗狗怎麼吠叫都不理睬地直接外出。或是給予益智玩具等，趁牠渾然忘我時外出，也是一個方法。

不管愛犬怎麼吠叫，都要完全漠視地出門吧！當牠還在吠叫時，就算忘了東西也不可以回家拿，因為那會讓愛犬以為「只要一叫主人就回來了」，反而會惡化跟在後面吠叫的情況。不妨在外出前先以散步或遊戲等讓愛犬疲倦。如果能讓牠累到連叫的體力也沒有，獨自看家時應該會呼呼大睡吧！另外，給牠益智玩具之類的東西，趁牠渾然忘我時再悄悄外出也是一個方法。因為「當發現時主人已經不在了」，就沒有必要吠叫了。不過，如果愛犬獨自在家時有持續吠叫的情形，就要找專家諮詢了。

BOW WOW 吠叫

外面一傳來聽不慣的聲音就吠叫

這是來自於警戒心的吠叫，所以要先阻隔聲音，再進行逐漸讓牠習慣聲音的練習。

原因是「那是什麼聲音？」的警戒心。在幼犬時期，行人的聲音、救護車的警笛聲等，全都是狗狗不熟悉的聲音。為了避免將來養成對不熟悉的聲音吠叫的壞習慣，請關上窗戶，阻隔外面的聲音。如果外面的聲音傳進來仍能不吠叫時，就稱讚牠。

播放背景音樂，讓牠不會注意到外面的聲音也是個方法。推薦的是沒有抑揚的水晶音樂。收音機的實況轉播或是療癒音樂中常有的鳥鳴聲等會讓狗狗感到興奮，要注意。一邊採取這些對策，一方面慢慢累積讓愛犬習慣聲音的練習吧（▼70頁）！

BOW WOW 吠叫

一啟動吸塵器就吠叫

使用吸塵器時，要先將狗狗放到別的房間裡。也進行讓狗狗慢慢習慣吸塵器的練習吧！

使用吸塵器時，可以先將愛犬移動到別的房間。想要清掃起居室，就把牠帶到臥室去；想要清掃臥室，就把牠帶到起居室去。這個時候，如果能讓愛犬進入狗籠裡，移動時就很輕鬆，所以最好先熟練進屋訓練（▼116頁）。讓牠進入狗籠後，再給牠耐咬的零食。

另外，如果有家人的話，不妨先帶狗狗出去散步，趁這個時候打掃也是一個方法。如果無論如何都想讓牠習慣吸塵器的話，就有耐心地進行讓牠習慣的練習（▼72頁）吧！

BOW WOW 吠叫

一打雷就恐慌地吠叫

儘量阻隔聲音。飼主自己不害怕、不慌張也很重要。

很多狗狗只要外面一打雷，就會因為害怕而吠叫。對於這樣的狗狗，請飼主要經常檢視天氣預報，有打雷預測時，儘量有人在一旁陪著牠。此外，儘量阻隔打雷的聲音和閃電，準備好狗屋等讓愛犬可以安心躲藏的場所也很重要。

最重要的是飼主必須保持冷靜。飼主一害怕，會讓狗狗的恐懼感倍增。如果家人中有害怕打雷的人，可以請他到別的房間。待在狗狗身邊的人，只要一打雷就要笑咪咪地露出愉快的樣子，讓狗狗認為「打雷也不是件可怕的事」。

散步時，一有人靠近就吠叫

散步時一發現有人，就儘量帶開到狗狗不會吠叫的距離。也要進行讓牠習慣人的練習。

這是覺得陌生人很可怕的膽小狗狗常見的行為。也可能是因為過去在吠叫過後，對方通過（＝逃走）了，因此學習到只要吠叫就能趕走對方的關係。

為了避免愛犬累積更多吠叫驅趕的經驗，散步時，飼主應充分注意周圍，發現前面有人，就儘量離遠一點經過。如果這樣還是會吠叫，就只能遠離到愛犬停止吠叫的距離了。如果愛犬能夠溫和地錯身而過，就稱讚牠並給予獎勵品。此外，也可以請朋友等協助，同時進行讓牠習慣人的練習。

處理的重點

也可以拒絕特意靠過來的對象

有時對方可能會想摸狗狗而特意靠過來。這個時候不妨說明「不好意思，牠會害怕」地拒絕對方。

散步時要充分注意周圍

散步時，要一邊走一邊觀察周圍，和人錯身而過時，儘量走到遠處。如果愛犬能安靜地通過，就給牠零食。

訓練！

〔請朋友協助讓狗狗習慣〕

讓狗狗習慣陌生人靠近的練習

給愛犬耐咬的零食，趁牠正在吃的時候，請對方一點一點靠近。這個時候，不要從正面靠近，而是要從旁邊繞進來般地走近。如果愛犬還是不在乎地吃著零食，也可以請對方悄悄地碰觸身體。

讓狗狗對陌生人抱持好印象的練習

如果不會討厭陌生人站在身邊，也可以請對方直接給予獎勵品。請對方將握著零食的手放在愛犬面前，等牠湊過來嗅聞味道後，就把手打開，給牠零食。藉由反覆練習，就可以讓愛犬對陌生人的印象變好。

注意！

請對方注意撫摸的方式

請別人撫摸狗狗時，如果是小型犬，請對方蹲下來後由下方伸出手；如果是大型犬，就從旁邊伸出手。手如果張開的話，狗狗會害怕，所以要握拳，將手伸到鼻子附近；狗狗如果過來嗅聞味道，就可以撫摸牠的胸部一帶。

〔狗狗害怕的撫摸方式〕

- 從上面撫摸
- 從正面靠近
- 看著眼睛
- 突然摸過來

其他的狗狗一靠近就吠叫

要這樣解決！

不管是害怕其他狗狗的情況，還是想找對方玩的情況，都先不要靠近。

有的狗會害怕其他的狗。如果是這種情況，就不要勉強愛犬和其他狗狗相親相愛，把牠當成是一隻覺得跟飼主在一起更好玩的狗狗吧！如果愛犬喜歡和其他狗狗玩更勝過和飼主玩，則可能會在看到其他狗狗時，就不理睬飼主地找對方玩耍，或是興奮地暴衝。

散步時，飼主最好能迅速發現其他狗狗，並在愛犬吠叫前就轉換方向。如果不是害怕的吠叫，而是想跟對方玩耍的吠叫，在愛犬吠叫時就不要讓牠靠近，讓牠學習到只有平靜下來後才能玩耍。

處理的重點

想一起玩耍時

在吠叫時不讓牠玩，進行讓狗狗穩定的練習

一發現其他狗狗就要迅速離開，發出「坐下」→「眼神接觸」的指令，進行讓愛犬冷靜下來的練習（▶158頁）。教導牠不是在吠叫的時候，而是要等平靜下來後才能玩耍。

覺得害怕時

一發現其他狗狗就改變方向，進行從遠處讓牠習慣的練習

當愛犬覺得害怕時，不要勉強牠和其他狗狗碰面。以即使有其他狗狗在場仍能保持平常心做為目標，進行練習讓牠慢慢習慣（▶157頁）。剛開始時，請遠離到只能稍微可以看到其他狗狗的距離來進行練習。

訓練！

〔狗狗覺得害怕時，要進行從遠處讓牠習慣的練習〕

看到其他狗也不會吠叫的距離會依狗狗而異。請清楚掌握不會吠叫的距離來進行練習吧！如果刺激過強，無法做到眼神接觸（▶88頁）的話，就給愛犬耐咬的零食，進行等待對方通過的練習。

一發現其他狗狗就迅速遠離

一看到其他狗狗就轉換方向，遠離到愛犬不會害怕的位置。

「坐下」之後做「眼神接觸」

讓愛犬做「坐下」（▶92頁）→「眼神接觸」，讓牠專注在飼主身上。教導牠一碰見其他狗狗就要看著飼主。

如果能專注，就稱讚牠並給予獎勵品

如果愛犬能專注進行「眼神接觸」，就稱讚牠並給予獎勵品。

「眼神接觸」要做到完全專注為止

再度進行「眼神接觸」。如果愛犬能完全專注，就以「OK」解除指令，朝和其他狗狗相反的方向走去。

訓練！

〔狗狗想跟對方一起玩時，要進行讓牠平靜下來的練習〕

愛犬會想要一起玩的，大多是認識的狗狗。不妨事先拜託對方飼主「下次如果遇見，請陪同練習」，就能順利進行。清楚掌握愛犬看到其他狗狗也不會吠叫的距離，在該處進行練習。

發現狗狗，請對方等待

遠遠地看到有狗狗時，請對方在原地等待。

「坐下」後做「眼神接觸」

讓愛犬做「眼神接觸」，專注在飼主身上。教導牠一遇見其他狗狗就要看著飼主。

如果能專注，就稱讚牠並給予獎勵品

如果愛犬能專注進行「眼神接觸」，就稱讚牠並給予獎勵品。

「眼神接觸」要做到完全專注為止

再度進行「眼神接觸」。反覆進行，直到愛犬完全集中注意力為止。

用「OK」解除指令，讓牠去打招呼

用「OK」解除指令，讓牠和其他狗狗玩耍。

這個也很重要！

在遊戲時進行「過來」的喚回練習

和其他狗狗遊戲時，在愛犬過度興奮之前，請用「過來（▶108頁）」讓牠離開，如果過來了就稱讚牠，進行「眼神接觸」。做到後，用「OK」解除指令，再讓牠去玩。反覆這樣進行，最後，為了避免和其他狗狗玩得依依不捨，給牠耐咬的零食，趁牠正在吃的時候和對方道別。教導愛犬「就算正在玩，只要主人叫我，就要回到飼主身邊」這件事。

BOW WOW

吠叫

上車後就一直吠叫到抵達目的地為止

要這樣解決！

如果是喜悅興奮的情況，就算已經抵達了，除非停止吠叫，否則絕對不能讓牠從車裡出來。

搭車時，有不少狗狗都會對著外面的風景、路人或狗狗吠叫。讓愛犬進入狗籠後用布蓋起來，讓牠看不到外面，就能預防對外部刺激的吠叫。也有些狗狗是單純對外出這件事感到興奮而吠叫。這時，就算已經抵達目的地了，但除非愛犬停止吠叫，否則就不能讓牠下車。不管愛犬怎麼叫都要不理牠，等牠停止吠叫。如果漠視到一半就放棄，或是在愛犬狂吠時無法堅持而讓牠下車的話，將使情況更加惡化，所以一定要等到牠停止吠叫為止。反覆進行，愛犬就會學習到，只要不叫，就能出去外面。

訓練！

〔教導狗狗一旦吠叫就不能出去外面〕

1

到達目的地後，熄掉引擎，等待狗狗安靜下來

到達後熄掉引擎，讓愛犬知道已經到達目的地了。等到牠安靜下來為止。

2

安靜下來後就稱讚牠，放牠到車子外面

等愛犬完全安靜下來後再放牠到車子外面，反覆進行，愛犬就會學習到，不吠叫才能下車。

GRRRR…

常見的困擾！

低吼・咬人

幼犬的舔咬也同樣必須制止

幼犬互相嬉鬧、輕輕地啃咬是遊戲的一環。人的手若在狗狗眼前輕輕擺動，就會讓狗狗本能地想要捕捉而咬下去。就算是咬著玩，有時也會受傷，所以請從幼犬時期開始，就絕對制止咬人的行動。

如果只是想摸摸牠的身體就咬過來，或者只是靠近牠就低吼咬人時，很明顯就是在攻擊。關於攻擊，必須配合攻擊原因和程度、與飼主之間的關係、狗狗的性格等，採取個別處理法。建議不妨接受稱讚教養馴犬師等專家的指導。

咬法的種類和處理方法

[攻擊]

特徵 常見於成犬，大多出現在不習慣各種事物的狗狗身上

特徵
- 想讓厭惡的事情停止而咬人
- 想要驅趕害怕的東西而咬人

處理方法 知道狗狗厭惡什麼，害怕什麼，避免讓牠累積更多的咬人經驗。詢問專家後開始進行訓練。

[舔咬]

特徵 常見於幼犬，會作勢張口要咬人，但不會用力咬下去

特徵
- 對活動物體的反應
- 遊戲或運動不足，精力過剩

處理方法 藉由遊戲或運動充分發洩精力。利用狗屋牽繩控制（▶48頁）讓狗狗無法舔咬。

低吼・咬人INDEX

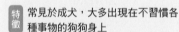

GRRRR…

低吼・咬人

對著腳嬉鬧舔咬

要這樣解決！

利用附庭院獨棟狗屋設備和狗屋牽繩控制，創造讓狗狗無法咬人的環境。

狗狗具有被活動物體引起興趣的習性。尤其是在幼犬時期，當飼主在家中忙碌地走來走去時，看到四處走動的腳，愛犬就會想要玩耍，忍不住就會過來對著腳或褲子咬著玩。

無法逗弄愛犬的時候，請把牠放進附庭院獨棟狗屋（▼45頁）的圍欄裡；可以看著牠的時候，做好可以進行狗屋牽繩控制（▼48頁）的準備，然後將牠從圍欄裡放出來。重要的是，要製造無法讓愛犬舔咬的情況，不要讓牠累積更多舔咬的經驗。

處理的重點

從附庭院獨棟狗屋放出來時要使用狗屋牽繩

從圍欄裡放出來時，要經常為愛犬配戴狗屋牽繩。如果愛犬過來舔咬，就手持牽繩將牠拉開，保持這種狀態，暫時不理牠。等愛犬平靜下來後，再放開牽繩，然後稱讚牠。

注意！

轉身逃走對狗狗來說是快樂的遊戲

越是逃走，狗狗就會越想追逐，讓快樂倍增。要避免惡化的方法是不逃走、停止動作，只不過這樣既疼痛又危險。當附庭院獨棟狗屋和狗屋牽繩也無法完全因應時，就穿上被咬也不會痛的室內鞋吧！

遊戲時會過來咬手

絕對不用手玩遊戲。跟牠玩拔河遊戲時，如果狗狗咬人，就要不理牠，遊戲也要停止。

狗狗有追逐活動物體的習性。請不要在愛犬眼前讓手晃來晃去地活動，徹底做到用玩具來玩遊戲，而不是用手來玩遊戲。

和愛犬玩遊戲時，要使用超出牠嘴巴大小的繩狀玩具來玩拔河遊戲（▼79頁）。基本上，在愛犬變得不咬人之前，都要配戴牽繩，一直握著牽繩來玩遊戲。中途愛犬如果想要咬手，就要立刻拿走玩具，結束遊戲，不要理牠。如果愛犬可以好好地玩，在持續拔河一段時間後，就要停止動作，讓牠鬆口，並在這個瞬間發出「給我」等指令。

處理的重點

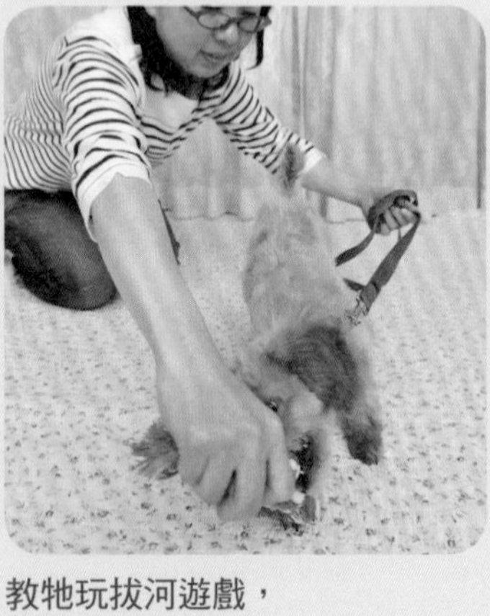

教牠玩拔河遊戲，不用手跟牠玩

讓愛犬先「坐下」後，以「OK」的指令開始拔河遊戲。在遊戲中，要教導牠可以咬的東西是玩具而不是人的手。

先在手背噴灑苦味噴劑

先噴上防止啃咬的苦味噴劑，有些狗狗就會因為味道不好而變得不想咬。手掌是用來撫摸或是給予獎勵品時使用的，所以要噴在手背上。此外，訓練的時候請不要使用。

GRRRRR…

低吼・咬人

在牠睡覺時摸牠，就會發出低吼

要這樣解決！

不要讓狗狗累積更多低吼的經驗，儘快尋求專家的指導吧！

原本睡得正舒服卻被人打擾，為了加以制止而低吼威脅，於是對方就縮手了……只要有過一次這樣的經驗，狗狗就會學習到「只要低吼，就可以制止他人討厭的行為」。如此一來，狗狗任性妄為的行動就會漸漸升級。萬一低吼警告對方仍然不停止時，很可能會變成咬人的行為，最好儘快尋求專家的指導。在改善之前，請不要撫摸正在睡覺的狗狗。而在情況變得如此嚴重之前，請務必要進行肌膚接觸的練習（▼60頁）。

這個也很重要！

讓牠在狗屋裡睡覺

不要讓狗狗和飼主一起睡，以免睡覺的時候不小心碰到牠。

從遠處叩叩地發出聲音，等牠醒來後再摸牠

為了避免狗狗經驗更多低吼後獲勝的模式，請避免突然碰觸正在睡覺的狗狗。

常見的困擾！

散步

飼主專心散步也很重要

散步時，如果愛犬出現令人困擾的行為，請飼主先重新檢視自己的走路方法。因為如果飼主心不在焉地走著，或是邊打電話或邊傳簡訊之類「一邊……一邊走路」的話，就不會注意到有什麼東西吸引了愛犬的注意力。要預防散步時的暴衝、撿食，或是追逐交通工具，唯有飼主迅速察覺，才是改善的第一步。

還有，散步是培養愛犬的社會性、加深和飼主之間關係的絕佳機會。不需限定一天2次，就連短暫的外出也不妨帶著愛犬一起去吧！

大致的走路時間

散步時間的大致標準會依犬種、年齡、身體狀況等而異，所以請視愛犬散步回來後的疲倦程度來做判斷。散步後會假寐的程度就是剛好的運動量。回家後如果還是充滿活力地嬉鬧著，就表示運動量太少了。

大型犬
60分鐘×2次

中型犬
30～40分鐘×2次

小型犬
30分鐘×2次

散步的心得

● 散步不等同於運動

必須有運動量的年輕狗狗或是中～大型犬，要另外設定散步之外的運動時間。

● 散步的時間不要固定

每天在相同時間出去散步，狗狗可能會記住時間，而出現索求的行為。

散步INDEX

散步

不願意去散步

從視野廣闊、不會突然遇見刺激的地方開始，讓牠慢慢習慣散步吧！

在住宅區裡，角落可能會突然出現車子或機車；以為它要停下來了，卻又突然駛動……出乎意料地，對狗狗來說這些全是刺激。因為膽小而害怕散步的狗狗，請不要馬上就讓牠在住宅區裡散步，從空曠的公園或河川空地等視野廣闊的場所開始吧！因為障礙物少，可以看見遠方，就算有成為刺激物的東西從遠處出現，飼主也較容易察覺。

讓愛犬有「原來走路也不可怕」的體驗，認為「外面很好玩」後，再慢慢將有刺激的場所放進散步路線中，逐漸累積經驗吧！

處理的重點

在視野良好的場所
讓狗狗習慣散步
如果是沒有死角的空曠場所，突然冒出什麼東西的可能性就很小，愛犬也能夠安心地散步。也可以先將牠裝入提袋，再帶到散步現場。

不願意讓人為牠配戴牽繩

要這樣解決！

給牠耐咬的零食，趁牠吃得忘我時，迅速幫牠配戴吧！

第一次戴牽繩時，有些狗狗會因為重量或是不舒服而不喜歡。當牠表現厭惡的時候，如果飼主就將牽繩解下，狗狗就會學習到「只要表現出厭惡的樣子，主人就會幫我解下來」。不過，不戴牽繩外出是違反規則的，而且牽繩也是萬一時的救命繩，所以一定要讓牠習慣。

先給愛犬益智玩具或牛皮骨等耐咬的零食，趁牠熱中於零食的時候，迅速地配戴。戴好後就稱讚牠，讓牠短暫享受零食的樂趣後，用另一種可以吃光的零食和牠交換。逐漸讓愛犬產生「牽繩=好吃的東西」的好印象。

訓練！

〔使用零食，讓牠習慣配戴牽繩〕

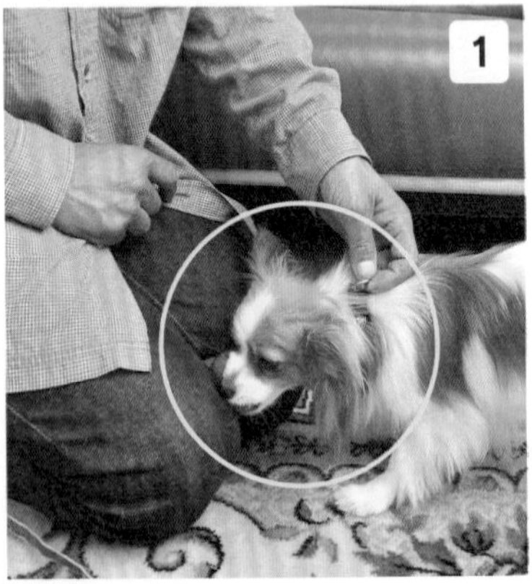

將零食夾在膝蓋間，悄悄地配戴

將耐咬的零食夾在膝蓋之間給愛犬食用，以免被牠整個拿走。趁愛犬吃的時候，將項圈的金屬環往上提起，悄悄地裝上牽繩。

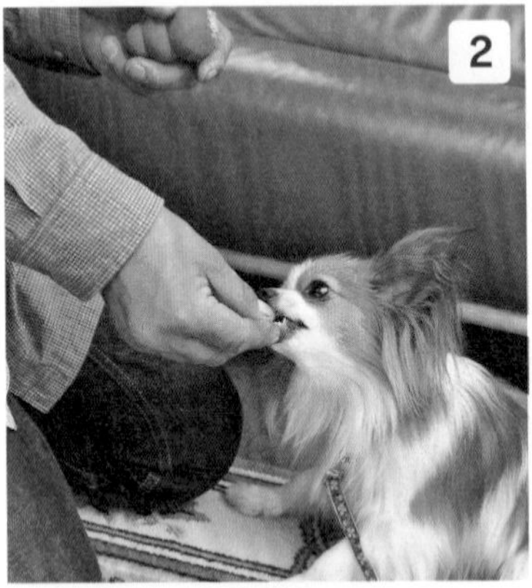

用可以吃光的新零食和牠交換

為了讓愛犬歸還零食，讓牠嗅聞另外一種可以全部吃光的零食的氣味。愛犬一鬆口，就說「給我」，拿走原本的零食，給牠可以全部吃完的新零食。

散步

一拿牽繩牠就開始興奮

要這樣解決！

改變散步前一連串的行動模式，等狗狗平穩下來後才帶牠去散步。

非常喜歡散步的狗狗，只要看到飼主一拿起牽繩，就可能會興奮地咬住牽繩，或是撲向飼主。那是因為牠已經記住散步前飼主的一連串動作，學習到「拿牽繩＝去散步」。如果在興奮狀態中出去散步，愛犬就會學習到「只要咬牽繩或是飛撲過去，就能出去散步」，行為也會變本加厲。請務必要在愛犬平穩下來後才出去。

此外，也要改變散步前的行動模式，教導牠並不是「牽繩＝散步」，而是「平穩下來後才能去散步」。

訓練！

〔教導狗狗並非「拿牽繩＝散步」〕

1 拿牽繩給牠看，然後做別的事

拿著牽繩。就算愛犬看見牽繩顯出興奮的模樣也不要理牠。將牽繩拿在手上去做別的事情，等到愛犬放棄後，就稱讚牠「好乖」。

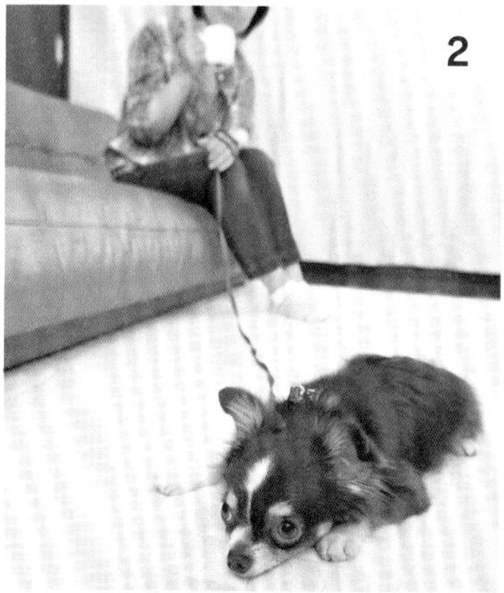

2 為狗狗配戴牽繩後，去做別的事

為愛犬配戴牽繩，但是並不去散步而是去做別的事。等愛犬完全放棄，平穩下來後，再帶牠出去散步。

散步時會拉扯牽繩

教導牠如果拉扯就無法往前進。散步前先讓牠發洩精力也是要點。

如果愛犬拉扯，就將握著牽繩的手固定在肚臍的位置，制止動作（▼82頁）。教導牠就算拉扯也不能前進。還有，如果能熟練跟隨（▼112頁），就可以預防拉扯的行為。

說起來，拉扯牽繩就是精力過剩的證明。大多數的情況都是因為散步對狗狗來說是唯一運動的關係。但是只以人類的速度走個30分鐘，是無法完全發洩狗狗的精力的。不妨在散步前先給牠球或玩具玩個夠，或是一起跑步等等。精力的發洩，可以改善散步時的拉扯行為。

處理的重點

散步前先某種程度地發洩精力

給牠玩球或玩具，陪牠一起跑步等，在散步前先發洩精力。只要沒有多餘的精力，就可以抑制拉扯行為。

教導牠如果拉扯就無法往前進

將握住牽繩的手固定在肚臍的位置，制止愛犬的動作。讓牠學習到「一拉扯就無法前進」、「不拉扯才能前進」。

散步

散步時老是在嗅聞氣味

做出可以嗅聞氣味的角落，制定只有獲得許可時才能嗅聞氣味的規則。

對狗狗來說，嗅聞氣味是本能，也是散步的樂趣之一，所以請某程度地讓牠這樣做。但是，也不要讓牠想聞就聞，請做出「嗅聞氣味的角落」，只允許牠嗅聞那裡的氣味。在人來人往或交通量多的道路、可能有撿食風險的垃圾掉落處、嗅聞氣味後如果排泄了會造成困擾的住宅區等，都不適合讓狗狗嗅聞氣味。如果愛犬在不當場所做出嗅聞動作，就要將握牽繩的手固定在肚臍處，控制牠的行動（▶82頁）。在不能嗅聞的場所，如果能以「跟隨」（▶112頁）讓愛犬行走，就可順利通過。

訓練！

〔只在許可的角落讓牠嗅聞氣味〕

在可嗅聞氣味的角落前，先讓牠集中

如果找到可以嗅聞氣味的角落，就先發出「坐下」（▶92頁）→「眼神接觸」（▶88頁）的指令，讓愛犬把注意力集中在飼主身上。

只要不暴衝，就可以嗅聞氣味

如果能夠用「眼神接觸」穩定下來，就可以用「OK」允許牠嗅聞氣味。如果愛犬暴衝，就要立刻站住不動，不讓牠前進。

散步

會趁人不注意時撿食

比狗狗更早發現垃圾是最好的對策。請避免狗狗撿食地大幅度繞開。

請不要讓愛犬累積更多撿食的經驗。因此，飼主必須比愛犬更早發現掉落的東西。如果不這樣做，就無法解決撿食的問題。

如果前面有東西掉落在地上，為了避免愛犬撿食，請大幅度繞開。愛犬若能經過垃圾，就要稱讚牠「好乖」並給牠獎勵品。一再反覆這樣做，教導牠「只要不撿掉在地上的東西，直接經過就能獲得零食，太棒了！」，之後再進展成「地上的東西不要撿，跟主人要零食吧！」於是將來只要前面有東西掉在地上，狗狗就會看向飼主。

散步

會去追趕腳踏車或機車

在視野良好的場所裡散步，並進行讓牠習慣腳踏車或機車的練習，直到情況改善為止。

狗狗有追逐脫逃物的習性。在反射性的追趕中，可能會誤以為腳踏車或機車是因為自己的驅趕才跑走的。在情況改善前，儘量避免讓愛犬碰見腳踏車或機車，前往公園或河川空地等視野良好的場所散步，同時也要開始進行讓愛犬習慣它們的練習。

首先要前往交通量少的馬路旁的公園或廣場，如果遠遠地看見腳踏車或機車，就使用零食讓愛犬將注意力集中在自己身上。反覆這樣做，等到就算有車子通過愛犬也不在乎後，再一點一點地靠近馬路，讓牠習慣。

散步

走到一半就坐下不走了

回顧以前的散步，想想狗狗坐下不走的原因。配合原因採取對策。

原因可能是散步次數較少而害怕外面、不想去覺得可怕或是曾有不好經驗的地方，或是單純地只是不想走路等等。請回顧以前的散步情形，試著找出原因吧！

如果原因是因為愛犬害怕，不妨前往公園或河川空地等飼主容易察知刺激、空曠的場所，讓牠習慣散步（▼165頁）。如果是在特定場所有過心理創傷，最好不要到那裡去。如果只是因為任性耍脾氣，當愛犬的走路速度慢下來時，就以愉快的聲音對牠說「來，走吧！」誘使牠走路，如果能夠做到就給牠零食。

注意！

不走的時候不要給予零食

零食請在走得很好的時候，當做正在走路的獎勵品，邊走邊給予。如果在站住不動的時候給予，狗狗就會學習到「只要站著不動，就能獲得零食」。

處理的重點

如果原因是任性，就要預先防範牠坐下

如果是討厭走路這個任性的原因時，就要儘量預防牠坐下。只要愛犬的走路速度一慢下來，就以愉快的聲音說「來，走吧！」之類的，然後加快走路的速度。

獨自看家

常見的困擾！

平常就要養成讓牠獨自度過的習慣

就算留愛犬獨自看家的機會不多，讓牠能夠獨自待著還是很重要的。因為可能會出現所有家人都不在家，或是要住入動物醫院等必須和家人分開的情形。如果沒有從平常就有意識地讓愛犬習慣獨處，一旦沒人陪在身邊就可能會發生恐慌。

與其認為愛犬好可憐而不讓牠獨自看家，不如先趁家人在家時也讓牠進入狗屋，輕鬆地度過獨處的時間。

獨自看家的心得

● 獨自看家時要放進圍欄裡

在寬敞的房間內讓牠自由活動會助長寂寞的感覺，可能會導致意外事故發生。

● 外出時、回家時都要冷靜以對

外出時覺得愛犬好可憐，或是回家時的誇張動作，都會讓狗狗覺得獨自看家是特別的事。

● 獨自看家前先讓狗狗疲累

如果能先充分地散步或遊戲，之後狗狗就會累得呼呼大睡了。

獨自看家時的陪伴物

益智玩具等怎麼咬都不會壞的玩具

因為想吃塞在裡面的零食，所以會又咬又滾地不斷嘗試。有動腦筋就不會無聊。

播放水晶音樂等背景音樂

播放背景音樂，以免牠在意外面的聲音。要點是，為了避免成為獨自看家的主題曲，所以平常就要習慣播放。推薦的是可以讓狗狗沉穩下來的水晶音樂等。

獨自看家INDEX

獨自看家時會很寂寞地哀嚎

不要讓牠在寬敞的房間裡自由活動，利用附庭院獨棟狗屋設備等的圍欄，讓牠獨自看家。

狗狗本來就是在小小的巢穴中生活的，所以狹窄又黑暗的場所似乎能讓牠們更覺安穩。留牠獨自看家的時候，縮小行動範圍，更能讓牠安穩地度過。一定要準備像附庭院獨棟狗屋（▼45頁）般的圍欄，打造可以讓狗狗安心的場所。

還有，和愛犬保持適度的距離感也很重要。平常老是摸牠逗牠，獨自看家時的孤獨感就會倍增。飼主在家時，也要創造愛犬在圍欄裡度過的時間，培養牠的獨立心。另外，不要認為獨自看家「很可憐」，因為這種心情會傳染給愛犬，助長牠的不安。

處理的重點

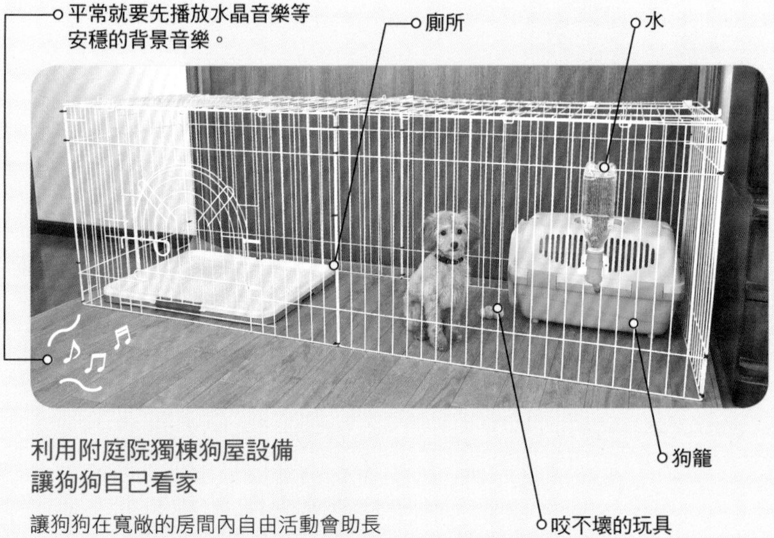

利用附庭院獨棟狗屋設備讓狗狗自己看家

讓狗狗在寬敞的房間內自由活動會助長寂寞感，可能會導致意外事故。為牠整理出可以輕鬆度過獨處時間的環境吧！

出門前會一直跟在身邊打轉

打散出門前的行動模式，讓狗狗無法洞悉出門這件事。

愛犬會把拿起鑰匙或皮包、披上外套等等出門前一連串的動作記起來，當做飼主消失不見的前兆。如果變成這樣，就必須一再進行「採取出門前已習慣化的行動後卻不出門」的行為，破壞愛犬學習到的模式。之後，就要經常注意避免將出門前的行動習慣化，以免讓愛犬知道你要外出。

另外，當愛犬獨自看家時，基本上要讓牠進入像附庭院獨棟狗屋（▼45頁）一樣的圍欄裡。平常飼主在家的時候，也要製造在圍欄裡度過的時間，好讓愛犬習慣。

處理的重點

做好出門的準備後，不出門

拿著鑰匙看報紙，化好妝後看電視等等，讓愛犬認為你要出門，卻不採取出門的行動，以破壞愛犬學習到的模式。

注意！

只有要讓狗狗獨自看家時才把牠放入圍欄裡，也會成為出門的前兆

只在獨自看家的時候才將愛犬放進圍欄中，牠就會學習到「圍欄＝獨自看家」，可能會變得不願意進入圍欄裡，或是吠叫要求你放牠出來。從平常就先讓牠習慣圍欄吧！

獨自看家

獨自看家時會弄破尿便墊

要這樣解決！

原因可能是運動不足。以散步或遊戲讓牠疲累後再讓牠獨自看家吧！

大概是為了擺脫無聊才玩尿便墊的吧！不妨先給愛犬幾種比尿便墊更好玩的東西，例如益智玩具（▼69頁）等。如果是飼主在家時這樣做，就是為了引起注意的行為。若是目擊到那一瞬間，也請當做沒事地之後再收拾乾淨。說起來，狗狗會胡鬧就是精力過剩的證明。充分的散步或遊戲後再讓牠自己看家，應該就會累到呼呼大睡了。

更進一步地，整理成無法用尿便墊來玩的環境也很重要。改用尿便墊不會露出的網格型便盆也是一個方法。

處理的重點

準備數種益智玩具，讓牠愉快地度過獨自看家的時光

取出裝填在裡面的零食來遊戲的益智玩具。有些可以輕易地取出零食，也有不容易取出的，最好變換難易度，放置數種益智玩具。

將便盆改成網格型

整理成無法用尿便墊來玩的環境吧！如果是網格型的便盆，尿便墊不會露出來，狗狗就難以搞破壞了，很推薦使用。

常見的困擾！

用餐

在狗狗的催促下給餐是不對的

吃飯對狗狗來說是最大的樂趣之一。正因如此，可能會因為索求而吠叫，或是想要護住餐碗而衍生問題行為。不要在愛犬的催促下放飯，由飼主主導給予是很重要的。因此，給餐的時間請不要固定。如果固定時間讓愛犬記住了，以後每到這個時間，愛犬就可能會吠叫索求。另外，食物也不一定要放入餐碗中。偶爾也可以將一餐的飲食量當做訓練時的獎勵品，分成數十次地用手給予。請以飼主的方便為準來餵食吧！

用餐的規則

● 給餐的時間不要統一

如果固定時間，愛犬記住該時間後，就可能會變成吠叫催促的情況。結果就是讓牠誤以為只要一吠叫就可以吃飯了。

● 不可給予人吃的食物

有時給牠，有時又不給牠，這對愛犬來說是沒有道理的事。只要給過一次，就會變成每次都索求，所以還是不要給吧！

用餐INDEX

用餐

一開始準備餐點，就不斷地吠叫、撲過來

吠叫時不要給予。教導狗狗，如果不安靜下來就沒有飯吃。

這應該是「快點給我飯吃」的索求吧！如果在這種狀態下給牠飯吃，剛好正中狗狗的下懷。然後牠就會學習到「只要吠叫飛撲，就能獲得食物」，於是索求的行為將漸漸升級。請徹底執行只要不安靜下來就不給飯吃的原則。

還有，為了避免愛犬對用餐時間做預測，請採取對策，例如每天不要在相同的時刻準時給餐，即使準備好食物了，也先暫緩一下後再給牠等等。另外，在準備食物時，不妨先將愛犬放進圍欄裡。

處理的重點

準備食物時，將狗狗放進圍欄裡

只要不讓愛犬靠近，就不會有飛撲過來的事情發生。準備食物時，先將愛犬放進圍欄裡面吧！

即使食物準備好了也不要立刻給予

如果已經準備好隨時可以出餐，不妨先收進冰箱等，改變給餐的模式。完全以飼主決定的時機來給予。

想要拿走餐碗時就會低吼

要這樣解決！

例如用零食交換餐碗，趁狗狗沒看見的時候拿走餐碗等，熟練安全地拿走餐碗的方法。

「餐碗是裝自己食物的重要東西，一定要保護好，不能被拿走」──這是狗狗在威嚇時的想法。只要給愛犬零食來交換餐碗，或是趁牠沒看到的時候拿走，就可以預防咬人意外發生。此外，總是使用相同的餐碗，會提高對該餐碗的執著度，所以不妨準備幾個材質或形狀不同的餐碗。

另外，也可以進行「用餐碗給予零食後再拿走餐碗的練習」。狗狗空腹時會變得具有攻擊性，非常危險，所以餐後的收拾等請務必在牠吃飽後才進行。威嚇嚴重時，請向專家諮詢。

用零食誘導狗狗離開餐碗，將餐碗收走

如果吃完飯了，為了讓牠從餐碗轉移注意力，可以拿愛犬最喜歡的零食給牠看，誘導牠離開餐碗，趁牠沒看見的時候收走吧！

趁牠吃零食的時候，交換餐碗

吃完飯後給牠零食，當愛犬吃得正高興時，拿走餐碗。如果慌慌張張地拿走，愛犬就會想要護住餐碗，所以要冷靜地進行。

訓練！

〔來做用零食拿走餐碗的練習〕

進行訓練的時候，一定要配戴牽繩，在手持牽繩的狀態下進行。另外，將零食放在訓練用的腰包裡，進行時會更順利。

！如果狗狗的攻擊性較強時，請勿進行。

1

準備和用餐時不同的餐碗和零食

在愛犬吃飽的時候，準備和用餐時不同的餐碗與牠最喜歡的零食。注意不要讓愛犬想起用餐的場面，開始進行訓練吧！

2

餐碗中放入一口份的零食，遞到狗狗前面

讓愛犬「坐下（▶92頁）」，稱讚牠後，在餐碗中放入一口份的零食。直接將餐碗遞到愛犬前面，以拿著餐碗的狀態讓牠吃零食。

3

吃完後，將餐碗拿離狗狗，補充零食

吃完零食後，發出「坐下→等待（▶96頁）」的指令，將空餐碗拿離愛犬，稱讚牠後，再補上一口份的零食。

4

最後直接用手給予零食，拿走餐碗

以和2、3相同的要領，用餐碗給予零食，將餐碗拿離愛犬後，這一次直接用手給予零食。趁愛犬正在吃零食時，拿走餐碗。

常見的困擾！

清潔護理

使用零食，讓狗狗對清潔護理有好印象

如果過去曾經因為擦腳或梳毛等有過痛苦的經驗，會不喜歡也是理所當然的。已經對清潔護理感到棘手的狗狗，只要看到梳子或毛巾等用具，恐懼便會自然湧現。為了去除恐懼心理，不妨從使用零食讓牠逐漸習慣開始吧！

基本做法是，給狗狗耐咬的零食，趁牠吃得渾然忘我時，迅速將梳子或毛巾放在牠身上。只要先讓牠習慣工具接觸到身體就行了。讓狗狗逐漸產生「清潔護理＝零食」的好印象吧！

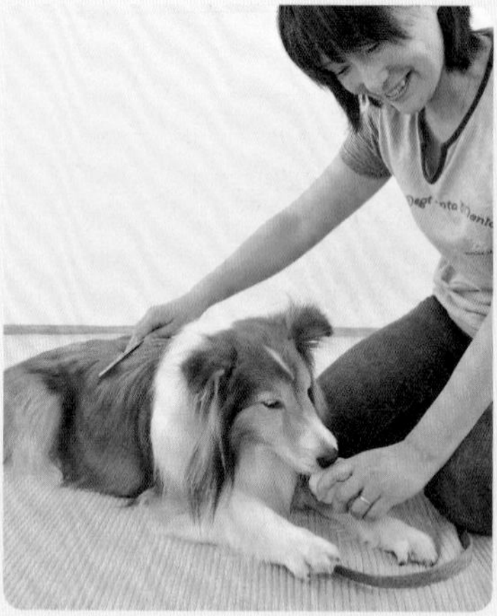

清潔護理的基本

● **趁狗狗熱中於零食時迅速進行**

任何一種清潔護理的做法都一樣。趁著讓愛犬吃耐咬的獎勵品時，讓牠習慣梳理。如果兩個人進行的話，只要分別擔任清潔護理的人和給予獎勵品的人，就可順利進行。

● **不要勉強，分階段進行**

如果愛犬已經很害怕清潔護理，就必須分階段有耐心地進行練習。最初僅短短數秒鐘，僅僅將工具接觸到身體就結束。一邊觀察愛犬的模樣，慢慢將時間拉長。

清潔護理INDEX

清潔護理

不喜歡擦腳

給牠耐咬的零食，趁牠吃得忘我時，進行擦腳的訓練。

觀察愛犬的情況，一點一點地訓練吧！基本上，就是給牠耐咬的零食，趁牠吃得正熱衷時，迅速進行。最初請從讓牠習慣「用毛巾碰腳」這種行為開始。還有，剛開始的時候，兩個人一起進行是最好的，一個負責給零食，另一個負責擦腳。

如果是一擦腳就咬人等具有攻擊性的情況，請先暫停擦腳，向專家諮詢。取代的做法是，在散步完回家前，先在玄關處大範圍地鋪上濕毛巾和乾毛巾，讓牠在上面來回行走。

訓練！

〔將擦腳轉變成好的印象〕

讓牠吃耐咬的零食

剛開始時，兩個人進行會比較順利。由一個人給予耐咬的零食。小型犬用抱的，中～大型犬以握住牽繩的狀態給予。

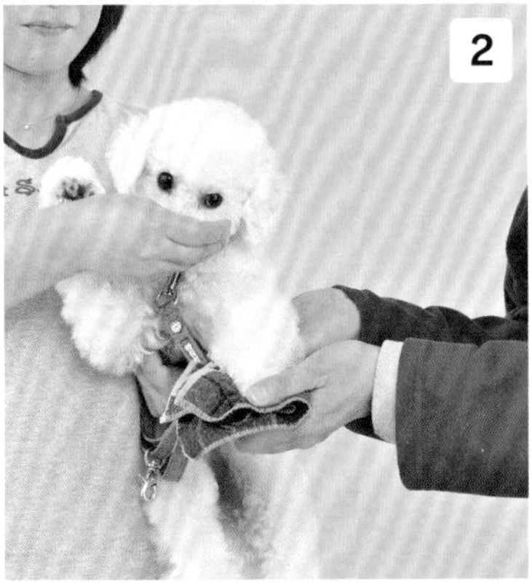

趁狗狗吃零食的時候快速擦拭

趁愛犬吃零食的時候，由另一個人快速擦拭。剛開始時，以用毛巾快速碰到腳的程度即可。在愛犬表現出不願意前就要停止。

清潔護理

討厭梳毛

要這樣解決！

狗狗討厭是沒有辦法的事。趁牠咬牛皮骨等玩具或零食的時候，逐漸讓牠習慣吧！

突然對還不習慣梳子的狗狗梳毛，狗狗可能會把梳子咬著玩，或是為了讓人停手而低吼。更何況，過去如果曾有梳毛疼痛的經驗，只要看到梳子就會逃之夭夭，這也是沒有辦法的事。一旦如此，梳理作業就會變得棘手，於是就會偷懶而容易形成毛球，梳毛時就會讓狗狗更加不舒服而陷入惡性循環當中。

趁著愛犬咬牛皮骨等玩具或零食的時候，每天一點一點地讓牠習慣梳毛吧！如果愛犬因為太喜歡你給的零食而興奮起來，或是想要護著不讓你拿走時，不妨換成別的零食。

訓練！

〔將梳毛轉變成好的印象〕

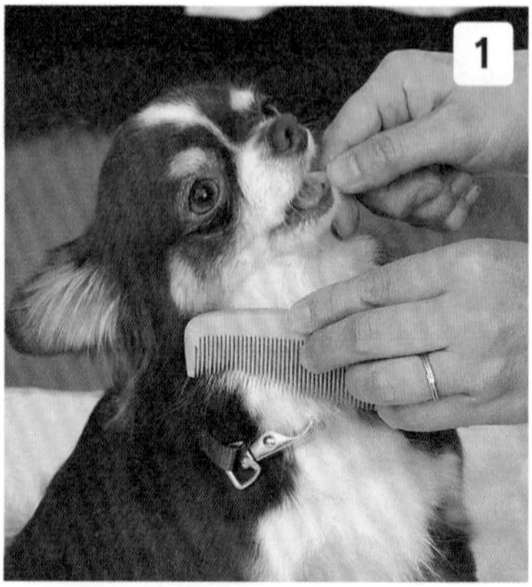

1

趁狗狗咬牛皮骨的時候進行梳毛

配戴牽繩，以膝蓋踩住牽繩固定，讓愛犬咬牛皮骨等耐咬的玩具。趁這個時候，悄悄地將梳子放在愛犬身上。

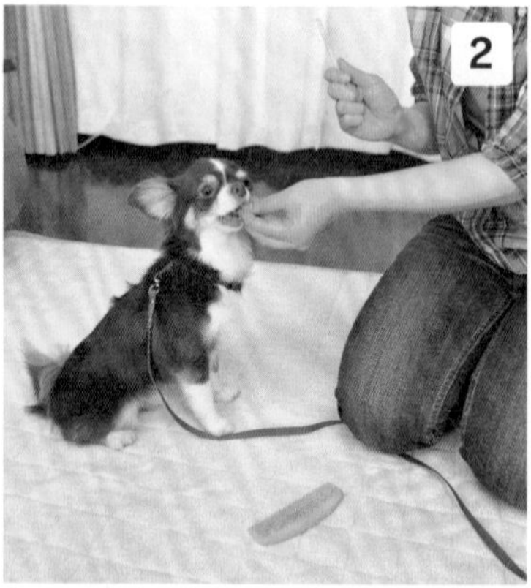

2

用零食和牛皮骨交換後結束

在愛犬表現出不願意前拿開梳子。有些狗狗只要短短幾秒鐘就會不願意，所以要觀察情況。給牠可以吃完的零食來交換牛皮骨後結束。

清潔護理

不讓人刷牙

先從碰觸嘴巴的練習開始，再慢慢進階到刷牙吧！

對狗狗來說，嘴巴是非常敏感的部位。就先從碰觸嘴巴周圍的練習開始吧！

愛犬習慣被碰觸後，再使用牛皮骨等耐咬的零食，逐漸讓牠習慣紗布或牙刷。最初只用紗布或牙刷碰觸到嘴巴周圍就結束。進行這個練習時，重點在於不要焦急，要觀察愛犬的反應，在牠還沒有表現不願意的狀態下停止。如果愛犬太過喜歡你給牠的零食而興奮起來，或是想要護著而不讓你拿走時，不妨降低零食的等級。一點一點進階，慢慢地讓牠習慣刷牙吧！

訓練！

〔將刷牙轉變成好的印象〕

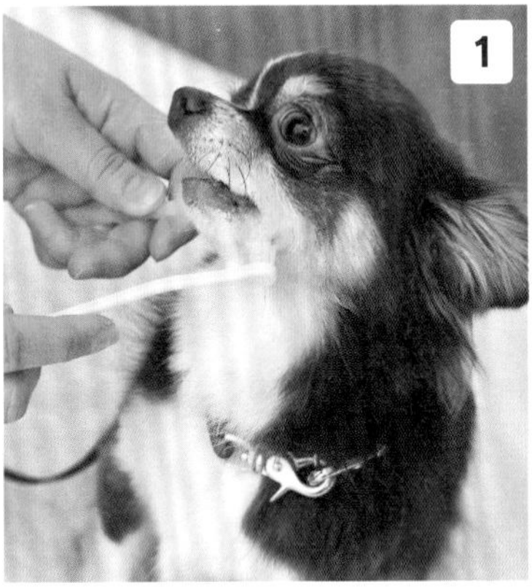

讓狗狗咬牛皮骨，將牙刷放在嘴巴旁邊

配戴牽繩，以膝蓋踩住牽繩固定，讓愛犬咬牛皮骨等耐咬的玩具。趁這個時候，用牙刷碰觸嘴巴旁邊。

用零食和牛皮骨交換後結束

在愛犬表現出不願意前停止。有些狗狗只要短短幾秒鐘就會不願意，所以要觀察情況。給牠可以吃完的零食來交換牛皮骨後結束。

常見的困擾！

其他

了解狗狗的本能和習性後，不斥罵地沉穩處理

接下來要介紹的是不在「如廁」或「吠叫」等範圍內的「困擾」。例如胡鬧、和飼主之間的關係、和訓練相關的事情等等。雖然涉及了許多方面，不過共通點是，狗狗絕對不是故意去做的。例如，啃咬榻榻米或地毯等，也是來自於發現有興趣的東西就會咬下去的狗狗的本能。

還有，不禁讓人想大吼「不行！」地加以斥罵的胡鬧，也必須要了解狗狗採取該行動背後的本能和習性，再沉穩地做處理。

其他INDEX

其他

會啃咬榻榻米或地毯

狗狗對無法收起來的物品胡鬧破壞時，因為無法預先防範，所以不用「體罰」，而要用「天罰」來處理。

只有在東西無法收起來預防時，才會對狗狗使用處罰。不過，這個處罰並不是會傷害狗狗的體罰，而是天罰。體罰是愛犬知道飼主在處罰牠的做法，而天罰則是愛犬不知道是飼主在處罰牠的做法。既然是天罰，就不會失去和愛犬之間的信賴關係。要進行這種天罰時，苦味噴劑的效果非常好。狗狗喜歡啃咬的不外乎地毯或榻榻米的四個角落，家具則是腳的部分或是把手等等。不妨重點式地噴灑在這些地方。萬一噴灑時被愛犬看到，知道「苦味是飼主弄的」的話，就不是天罰了，請注意。

處理的重點

放置益智玩具等，如果啃咬玩具就稱讚牠

讓愛犬學習到「地毯很難吃！」→「改咬附近的益智玩具」→「受到飼主的稱讚」→「咬益智玩具才是正確答案」。

在不想被狗狗啃咬的地方噴上苦味噴劑

將愛犬隔離到其他房間，在不想被牠啃咬的東西上，充分噴灑苦味噴劑。因為是揮發性的，所以要經常噴灑。

! 可能會形成漬痕，所以要先在不明顯的地方試噴，沒有問題才可使用。

其他

不放開嘴裡的玩具

不要強行拿走，請進行訓練，讓狗狗能夠聽從「給我」的指令放開。

狗狗有時候會不肯放開玩具。如果想強行拿走，牠就會認為「寶物要被搶走了」，反而會變得更加頑固。這時，如果想撬開牠的嘴巴拿走玩具，一定會被咬。

也為了萬一愛犬咬著危險物品等緊急時刻著想，最好先熟習只要飼主下指令就會放開銜住物的「給我」。請用兩件玩具來教導「給我」的訓練。同時，從平常就讓愛犬習慣張開嘴巴也是很重要的。

注意！

不可以用零食交換玩具

一拿出比玩具更有吸引力的零食，狗狗就會放開玩具。不過，最喜歡零食的狗狗會因此學到「如果用玩具玩遊戲，就可以獲得零食」，之後會慢慢演變成「玩具無所謂，快給我零食」，而對使用玩具的遊戲失去興趣。

處理的重點

從平日就要做打開嘴巴的練習

進行教養訓練，讓愛犬能在「給我」的指令下放開玩具。同時，也為了萬一咬住危險東西的時刻著想，從平常就要進行打開嘴巴的訓練（▶62頁）。

清潔護理

訓練！

〔用第二件玩具教導「給我」〕

這個訓練一定要配戴牽繩進行，以便用牽繩做控制。做「坐下（▶92頁）」→「眼神接觸（▶88頁）」後，以「OK」開始遊戲。

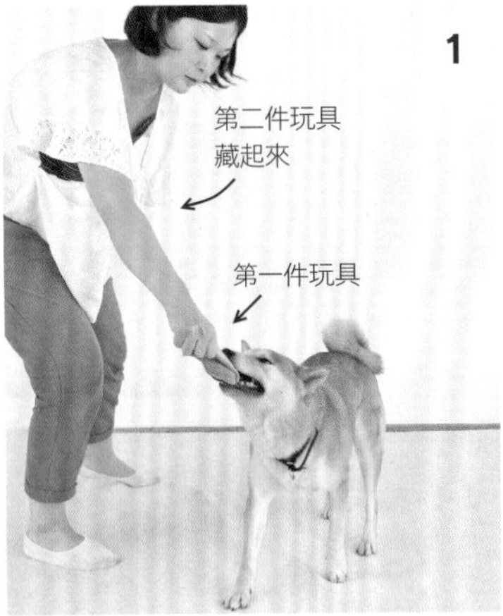

拿兩件玩具，用其中一件玩遊戲

兩手拿玩具，以「坐下→眼神接觸→OK」開始拔河遊戲。用其中一件玩拔河遊戲，另一件先藏起來。

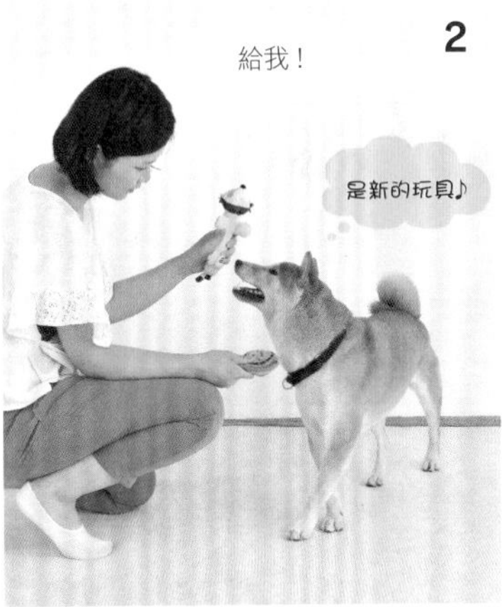

給狗狗看另一件玩具，進行交換

給愛犬看另一件玩具，愛犬就會自然放開原本銜住的玩具。在這個時候說「給我」。

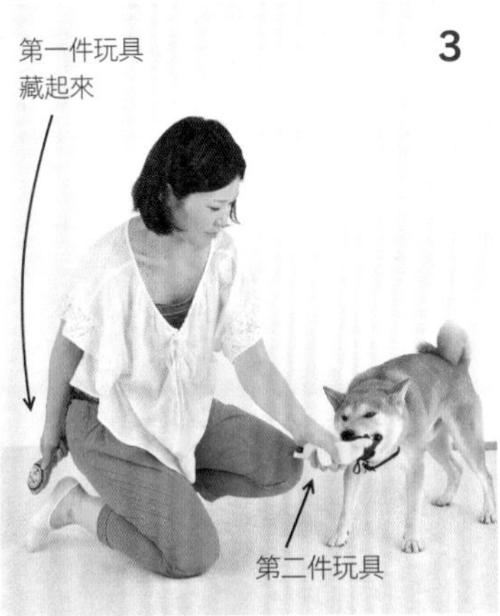

用第二件玩具玩遊戲

以「OK」發出許可，用第二件玩具玩遊戲。過一會兒後，再讓牠看第一件玩具，進行交換，就這樣反覆玩遊戲。

最後給牠零食，結束

最後，如果愛犬放開玩具，就說「給我」，並給牠零食。請家人將零食遞到手中，進行時會更順利。

其他

會過來舔人的臉或手腳

要這樣解決！

如果狗狗想要舔你，就悄悄地改變姿勢。重要的是不要做出「別這樣！」的反應。

狗狗主動跑來飼主身邊舔人，是愛情表現的一種，是來自於能夠和最喜歡的人在一起的喜悅。有些人不管是手腳，甚至是臉被舔也無所謂，但也有人基於衛生考量而不喜歡狗狗這樣做。如果是這樣的情況，當愛犬想要舔人時，可以悄悄地改變姿勢。如果做出「別這樣！」等反應，愛犬可能會以你的反應為樂而變本加厲；如果沒有反應，牠覺得無聊的話，應該就會停止了。如果也會對客人這樣做時，不妨請客人坐在椅子上，讓愛犬的嘴巴無法觸及，或是用狗屋牽繩（▼48頁）進行控制。

MEMO

「不忍心一直拒絕牠……」時

因為是愛情表現，一直拒絕牠好可憐……如果是這種情況，就試著訂定只有發出指令時才能舔人的規則吧！

讓愛犬「坐下＋等待」（▶96頁）之後，做出「眼神接觸」（▶88頁）的指令。

↓

用「OK」的指令讓愛犬舔人。這時，可以說「親親」等語句讓愛犬記住。

處理的重點

狗狗如果想要舔人，就要悄悄地改變姿勢

悄悄地改變姿勢，讓愛犬舔不到吧！如果說出「別這樣」等做出不願意的動作時，愛犬會覺得那樣的反應很有趣，所以要避免有所反應。

其他

會緊抱著飼主的腳做出騎乘動作

先戴上狗屋牽繩，如果狗狗好像要這樣做了，就默默地採取持續拉開的對策。

狗狗緊抱著人的腳等搖動腰部的動作稱為「mounting（騎乘行為）」。在作為性行為、主張「我的地位比你高」，以及處在興奮或壓力狀態時，就會做出這種動作。不管理由是哪一種，都應立刻讓愛犬停止這麼做。讓愛犬在室內自由活動時，先配戴好狗屋牽繩（▼48頁），當牠想要騎乘時，就持續採取用牽繩拉開的對策。這個時候飼主如果有反應，愛犬可能會覺得有趣而養成壞習慣。請默默地進行處理吧！此外，也可藉由運動紓解，如果是雄犬，採取去勢手術也有效果。

其他

在家裡會做的事一到外面就不會做了

請認為是狗狗不會學以致用的關係。抱著在外面從頭開始的打算重新練習吧！

雖說在家裡都學會了，卻不保證到任何地方去都同樣做得到。因為狗狗不會學以致用，所以環境一旦改變，就必須抱著從頭開始的打算再次練習。

此外，對狗狗來說，外面充滿了刺激。初次見到的人或物、突然發動的交通工具和此起彼落的各種聲音……不同於在家中，要集中注意力是很困難的。剛開始時在庭院，接著在大門口，再來則是去公園等等，慢慢進階到刺激較多的場所進行練習。在外面請準備比平常更美味的獎勵品，配合刺激的程度來分別使用吧！

其他

不聽小朋友的話

要這樣解決！

配合小朋友的年齡，和大人一起進行可以做到的訓練。

小學以下的小朋友無法像大人一樣，對給予狗狗的指令負起責任。例如，他們可能會在讓狗狗「坐下」後，不小心將注意力轉到別的事情上而忘了要發出「ＯＫ」的指令。指令如果沒一貫性，狗狗就會混亂，可能會成為訓練時的阻礙。

當孩子還小時，與其要狗狗乖乖聽話，倒不如將目標放在「在一起就很快樂」上。例如，餵狗狗吃飯，或是做做散步的準備等，在父母親的協助下，配合年齡讓小朋友做能夠做到的事吧！

這個也很重要！

在廣闊的公園等讓小朋友握牽繩時，大人也要從後面握著牽繩

小朋友想和狗狗去散步時，一定要有父母親隨行。如果發生什麼突發狀況造成小朋友放開牽繩，致使狗狗遭遇事故的話，小朋友也會傷心。讓小朋友握牽繩時，為了以防萬一，也要戴上大人用的牽繩，使用 2 條牽繩來散步吧！

協助攝影的

Dog models

戶田美由紀老師的家庭犬到府個別課程

DOG IN TOTAL

監修本書的戶田美由紀老師，可以前往飼主的家中做一對一的指導。這是指導飼主如何教養，由飼主本身來教養愛犬的方法。從幼犬到成犬，任何犬種都能應對。從基本教養到困擾行為的處理都有教導。主要活動場所在埼玉縣周邊，其他地區則需商談。

此外，也接受全國的愛護中心、保健所、公寓住宅的飼主聚會等各個團體主辦的教養教室、集會活動等的出差教養教室、講師委託等。

TEL（不可FAX）：049-222-7114　http://www.inu-shituke.com/

※對於居住在無法造訪範圍內的民眾們也有電話諮詢的服務。詳細請看須崎動物醫院官網的「戶田美由紀老師的電話教養諮詢」。http://www.susaki.com/mend/about_09_01.html

監修者紹介

戶田美由紀

DOG IN TOTAL主持。訓練師養成學校畢業。除了家庭犬的到府個別課程外，也擔任動物愛護中心或保健所、集會活動等的出差教養教室的講師、雜誌或書籍的監修指導等，活動領域廣泛。日本動物醫院福利協會認定家庭犬教養指導師、日本犬舍協會公認訓練師、日本警察犬協會公認訓練師。

國家圖書館出版品預行編目資料

狗狗的教養&快樂訓練法 / 戶田美由紀監修；彭春美譯. -- 二版. -- 新北市：漢欣文化, 2020.10
192面；21X15公分. -- (動物星球；18)
ISBN 978-957-686-798-9(平裝)
1. 犬訓練 2. 寵物飼養 3. 動物行為

437.354　　109014118

定價280元

動物星球18

狗狗的教養&快樂訓練法(暢銷版)

監　　修 / 戶田美由紀
譯　　者 / 彭春美
出 版 者 / **漢欣文化事業有限公司**
地　　址 / 新北市板橋區板新路206號3樓
電　　話 / 02-8953-9611
傳　　真 / 02-8952-4084
郵撥帳號 / 05837599 漢欣文化事業有限公司
電子郵件 / hsbookse@gmail.com
二版一刷 / 2020年10月

本書如有缺頁、破損或裝訂錯誤，請寄回更換

日文原書工作人員

攝影　佐藤正之（CUBE）
插圖　さいとうあずみ
設計・DTP　いわながさとこ
編輯協力　3 season 股份有限公司
　金成奈津紀、高島直子

商品協助

IRIS OHYAMA
http://www.irisplaza.co.jp